KB033545

무한한 가능성의 우주들

무한한 가능성의 우주들

다중우주의 비밀을 양자역학으로 파헤치다

초판 1쇄 펴낸날 2024년 5월 3일
초판 2쇄 펴낸날 2024년 10월 18일

지은이 로라 머시니-호턴
옮긴이 박초월
펴낸이 이건복
펴낸곳 동녘사이언스

편집 이정신 이지원 김혜윤 홍주은
디자인 김태호
마케팅 임세현
관리 서숙희 이주원

만든 사람들
편집 김혜윤 **디자인** 김태호

인쇄 새한문화사 **라미네이팅** 북웨어 **종이** 한서지업사

등록 제406-2004-000024호 2004년 10월 21일
주소 (10881) 경기도 파주시 회동길 77-26
전화 영업 031-955-3000 편집 031-955-3005 **팩스** 031-955-3009
홈페이지 www.dongnyok.com **전자우편** editor@dongnyok.com
페이스북·인스타그램 @dongnyokpub

ISBN 978-89-90247-87-2 (03420)

- **잘못 만들어진 책은 바꿔드립니다.**
- **책값은 뒤표지에 쓰여 있습니다.**

무한한 가능성의 우주들

다중우주의 비밀을
양자역학으로
파헤치다

로라 머시니-호턴 지음
박초월 옮김

BEFORE THE BIG BANG

나의 딸 그레이스,

그리고 아버지에게

지옥의 문은 밤낮으로 열려 있고

내려가는 길은 평탄하고 수월하다.

그러나 발걸음을 돌려 명랑한 하늘을 바라보는 것,

이것이 문제이고 고된 일이다.

—베르길리우스Virgil, 《아이네이스The Aeneid》

프롤로그

우주 이야기의 첫 장을 다시 쓰다

나는 알바니아에서 태어났다. 아드리아 해안을 접한 아름다운 국가. 친절한 사람과 잔혹한 과거가 공존하는 곳. 300만 명도 안 되는 사람들의 고향. 뉴저지주보다 약간 더 넓고 아일랜드의 반만 한 국토를 가진, 2만 8000제곱킬로미터를 간신히 넘는 나라. 하지만 내 어린 시절은 어떠했나? 전체주의 정부는 우리더러 믿게끔 했다. 우리 알바니아인은 우주의 중심에 살고 있다고.

옛 동맹국이었던 소련과 함께 알바니아의 공산주의 정권이 1991년 역사의 쓰레기통으로 들어가기 전까지, 나의 나라는 유럽의 북한이나 다름없었다. 빈곤했으며 피해망상으로 가득 찬 채로 바깥세상으로부터 동떨어져 있었다. 막강한 정부는 철조망 너머를 응시하는 것조차 금지했으며 유배와 중노동, 사형 선고를 앞세워 반대자를 잠재웠다. '영미의 위협'으로부터 자국을 보호하기 위해 전국 수십만 개의 방공호를 관리했다. 이오시프 스탈린Joseph Stalin

의 끔찍한 소련 강제수용소를 본떠 수천 명의 알바니아인을 수용소에 가두고 학대하기도 했다. 외국인은 환영받지 못했고, 알바니아인은 해외로 여행을 갈 수도 없었다. 우리가 어디서 어떻게 살지는 정부가 결정했다. 개성을 드러내는 행위는 처벌의 대상이었다.

우리에게 허락된 유일한 공간은 머리 위 하늘과 별이었다. 정부는 우리가 고개를 들어올리는 것까지 막진 못했다. 어린 시절부터 나는 우주로 도피하곤 했다.

순전히 운이 좋았던 덕에 나는 다른 사람들이 누리지 못한 기회를 잡을 수 있었다. 내가 한창 자랄 무렵, 어머니는 예술가와 작가, 작곡가를 지원하는 단체인 '알바니아 작가 및 예술가 연맹'에서 일하고 계셨다. 어머니의 일터에는 특별한 도서관이 있었는데, 나는 그곳에서 정부가 금서로 지정한 서양 문헌과 영문 도서를 읽을 수 있었다. 일반적인 알바니아인들에게는 금지된 책이었다. 그 책들을 읽으며 난 세계 반대편까지 여행을 떠났다. 하지만 부모님 외에는 그 누구와도 내가 품은 꿈과 상상을 나눌 수 없었다.

아버지는 호기심 많은 딸이 그러한 현실적 한계 탓에 언젠가 좌절할 거라고 짐작하셨다. 그래서 책과 미술, 음악으로 내 호기심에 길을 내고 정신의 회복력을 강하게 만드는 현명한 방법을 고안하셨다. 클래식 음악은 우리의 암호가 되었다. 우리는 암호를 나누며 일상에서 벗어나 우주의 아름다움을 함께 숙고하곤 했다.

알바니아의 공산주의 정부가 보기에 아버지는 '부정한 이력'의 소유자였다. 아버지의 가족은 공산주의 세력이 집권하기 전 대대로 특정 지역의 지주였고, 그 때문에 끊임없이 박해를 받았다. 할머니는 1991년까지 남자 형제들을 보지 못하셨다. 그중 한 명은 거의 50년 동안이나 감옥에 갇혀 있었다고 한다. 친척들은 수용소에 갇히거나 총살을 당하거나 유배를 떠났다. 아버지의 사촌은 제2차 세계대전이 끝난 후 알바니아의 적폐 청산에 가담한 엔지니어였는데, 1970년대에 집에서 납치되어 총에 맞아 죽고 수레에 실려 사라졌다. 20년 뒤에 가족이 그의 시체를 발견한 곳은 알바니아의 수도 티라나의 한 의과대학이었다. 포름알데히드 속에 완벽하게 보존된 시체는 해부학 실습용으로 쓰이고 있었다. 죽은 남자의 형제와 사촌은 그 무렵 70대였지만 그들이 찾은 시신은 여전히 30대의 모습 그대로였다. 가족들은 1997년에 마침내 제대로 된 장례를 치렀다.

아버지는 사촌보다는 상황이 좋은 편이었다. 일시적으로 유배를 떠나셨으니까. 아버지는 내가 어렸을 적에도 여러 차례 유배를 떠났다. 첫 번째 유배는 내가 다섯 살일 때 이루어졌다. 편지 한 통이 화근이었다.

그 무렵 아버지는 티라나대학교의 계량경제학 교수였다. 당시 난해한 수학 문제를 연구하고 계셨는데, 경제학부터 천문학까지 폭넓게 응용되는 중요한 문제였다. 매우 크고 드문드문한 행렬, 즉 행과 열이 수백 개나 되지만 대부분의 성분은 0인 거대한 표의 역행렬을 구하는 작업과 관련되어 있었다. 이 연구를 계기로 아버지는 영국 옥스퍼드대학교의 초청을 받았다. 새로운 연산법(알고리듬)을 논의하기 위한 6개월간의 안식 기간을 제안받았던 것이다. 하지만 편지는 아버지에게 닿지 않았다. 알바니아 정부가 중간에서 가로챘기 때문이다.

학기 초가 되었을 때, 아버지를 기다리고 있던 건 옥스퍼드대학교가 아닌 유배였다. 내가 처음 학교에 가는 날이었다. 그날 아침 아버지는 내게 새 교복을 입히고 학교에 데려다주셨다. 아무 일 없다는 듯이, 선생님께 드릴 꽃다발까지 들고서. 하지만 나는 부모님이 속삭이며 나눈 대화를 엿들어 알고 있었다. 그날 오후 아버지는 학교로 나를 마중 나오지 않으리라는 걸. 어쩌면 그 후 몇 날 며칠 동안 그러리라는 걸. 그럼에도 나는 신이 난 척했다. 나에게 스며든 절망이, 아버지가 유배를 떠나기 전 목격할 마지막 인상으로 남지 않도록.

어머니와 나는 이미 지난 몇 달간 수없이 극적인 일들을 겪은 참이었다. 그 어두운 시간 동안 아버지가 겪은 일은 완곡하게 말해 '이념 논쟁'이라 불리는 것이었지만, 실은 아버지의 운명과 처벌을 결정하는 재판이었다. 그 무렵 알바니아엔 진정한 의미의 재판도 변호사도 없었다. '이념 논쟁'의 목적은 동료 교수와 대학교 직원의 증언을 받아내는 것이었다. 옥스퍼드대학교의 초청을 받는 건 이념적 범죄이며 따라서 그를 처벌해 갱생시켜야 한다는 증언. 이런 날조는 2주간 매일 이어졌고 주로 한밤중에 이루어졌다. 이념 논쟁이 끝나면 형벌에 대한 판결이 내려졌다. 수감, 유배, 사형 선고. 뭐든 가능했다.

우리는 논쟁이 얼마나 오래 이뤄졌는지, 어떤 판결이 내려졌는지 알 수 없었다. 벽시계의 다음 똑딱거림이 들려오기 전에 아버지의 발걸음 소리가 들리길 바라면서 어머니와 나는 매일 밤 불을 끄고 창문에 얼굴을 댄 채 기다렸다. 당에서 조사받는 사람에게 공개적으로 애정을 표하는 일은 허용되지 않았기 때문이다. 그 공포의 기억을 떠올리면 여전히 마음 깊은 곳까지 오싹하다. 마침내 발걸음 소리가 들리고 현관문이 닫힌 뒤 아버지의 따스한 포옹을 느끼기 전까지 나는 얼마나 두려웠는지 모른다.

입학 첫날, 아이들은 학교 운동장에 모였다. 한 사람씩 이름이 불렸고 호명된 아이는 배정된 무리로 가 선생님에게 자신을 소개했다. 나의 담임 선생님 이름은 슈프레사 Shpresa였다. 알바니아어로 '희망'이라는 뜻이다. 나는 선생님께 꽃다발을 건네고 다른 아이들과 이야기를 나누는 척하며 곁눈질로 아버지를 쫓았다. 아버지는 학교 담장에서 점차 멀어지고 있었다. 나는 감히 고개를 돌릴 수 없었다. 모퉁이를 돌아 사라지기 전, 상실감과 깊은 우울이 서린 아버지의 표정이 아직도 선명하다. 언제 또 볼 수 있을지, 아니 다시 볼 수나 있는지 나는 알지 못했다.

결국 아버지는 한 달에 한 번, 주말에 집으로 돌아올 수 있었다(2년이 흐른 뒤 정부는 마침내 아버지의 전문 지식이 필요하다는 사실을 깨닫고 아버지를 불러와 알바니아과학원에 복귀시켰다). 그 짧은 기간 동안 아버지는 나에게 앞으로 가장 오래 남을 교훈을 가르쳐주셨다. 훗날 어둠 속을 헤쳐나가는 여정에서 간직하게 될 심야의 지혜였다.

당시 티라나 라디오는 토요일 오후 11시마다 클래식 음악 프로그램을 한 시간 남짓 송출하곤 했다. 집에 머무는 동안 아버지는 어머니의 반대를 무릅쓰고 방송이 시작되기 전에 나를 깨우셨다. 적막한 밤, 우리는 거실을 따라 흐르는 천상의 음표들을 함께 들었다. 다른 공간과 다른 시간을 타고 우주 반대편에서 온 듯한 그 음표들. 음악이 들려오는 도중이나 곡의 사이사이에 아버지가 속삭인 설명은 인간의 독창성과 성취를 향한 내 평생의 동경을 불러일으켰다.

어느 토요일 밤의 선곡은 바흐였다. 바흐의 〈토카타와 푸가〉는 아버지가 제일 좋아하는 작품이었다. 내가 가장 좋아하는 곡은 브란덴부르크 협주곡 3번이었지만. "쉿! 이

부분을 잘 들어봐." 아버지가 말했다. "인간의 본질과 고통 깊숙한 곳에 자리 잡은 선율이야. 선율이 굴러떨어지면서 널 부드럽게 뒤흔들지. 그리고 더 아래로, 밑바닥에 닿을 때까지 내려간단다. 그런데 바로 여기, 들어보렴…… 들리니? 바흐는 굴하지 않아. 가장 어두운 순간에도 아주 고요하지. 바흐의 슬픔 속에서 평온이 느껴지니? 바흐는 고통과 행복이라는 모순된 감정과 인간의 본질을 굉장히 잘 알고 있었어. 인생의 정점 못지않게 슬픔도 삶의 일부분이란 걸 알고 있었던 거야."

아버지는 말을 이어갔다. "바흐가 평온한 건 자신이 마주한 문제의 근원을 알고 있기 때문이란다. 그의 음악은 시대를 초월해 있고, 천재성은 시대를 앞서 있지. 바흐는 선택했단다. 더 높은 기준을 세우기로 했지. 동시대 청중이 무엇을 좋아할지를 생각하지 않고 영원한 아름다움을 만들기로 한 거야. 바흐는 내면에서 우러나는 더 높은 소명을 따라 곡을 만들었단다."

이제 곡은 알레그로에 이르렀다. "자, 여기. 들어봐…… 들리니?" 음표들이 불현듯 다시 상승하면서 암울함의 파도를 점차 밀어내고 있었다.

음악이 끝나자 아버지는 설명했다. "너도 느꼈겠지만 바흐는 자신이 특별한 것을 창조했다는 사실을 알고 있었어. 수많은 국가에 역사상 한 번쯤은 왕과 여왕, 독재자가 있었지. 바흐와 베토벤을 비롯해 여러 위대한 작곡가와 수학자, 과학자가 그런 통치자들을 위해 일했단다. 하지만 그들은 자기 조건에 갇히는 법이 없었어. 오직 자신의 열정에 이끌려 걸작을 만들었던 거야. 그들은 작품 덕분에 자유로워졌어. 오직 책과 미술, 음악과 발견만이 우리를 진정 자유로운 인간으로 만들어줄 수 있거든. 너 역시 이런 지식과 창조성의 보물을 곁에 둘 수 있단다."

아버지와 나는 음악가가 아니었다. 우리는 바흐의 음악만큼이나 과학의 탐구에서 영감을 얻었다. 실제로 나의 초창기 과학적 여정에 도움을 준 영감은 우리가 속삭이며 나눈 대화에서 온 것이었다. 일찍이 또 다른 영향도 받았다. 알바니아에서 유년 시절부터 세뇌를 목격한 탓에, 논리와 검증을 적용해 스스로 답을 찾고자 하는 열망이 나의 내면에 새겨졌던 것 같다. 이따금 그것이 기존의 신념에 반하더라도 말이다. 그 호기심은 아버지와 내가 상상했던 것보다 더 풍부한 모험으로 나를 이끌었다. 수학의 암호로 쓰인 우주의 아름다움과 그 근원적인 작동 원리에 대한 탐구를 향해.

지금 나는 미국에 거주하면서 노스캐롤라이나대학교의 이론물리학 및 우주론 교수로 일하고 있다. 우주의 기원은 현재 우주론의 중심 주제이자 내가 연구하는 주요 분야이다. 나는 답을 추구할 수 있다. 다행히 이곳의 학계에선 질문이 금지되어 있지 않기 때문이다. 그것이 우리 시대의 가장 위대한 두 가지 우주론적 질문일지라도 말이다. **우리 우주의 기원은 무엇인가? 그리고 그 너머에는 무엇이 존재하는가?**

대학교 시절부터 나는 첫 번째 질문, 그 역사 깊은 질문에 매료되었다. 만일 우리우주가 태초부터 쭉 존재하지 않았다면 처음에는 어떻게 시작되었을까? 머지않아 나는 그것에 뒤따르는 또 다른 질문을 품게 되었다. 우리우주가 탄생하기 전 그 장소에는 무엇이 있었을까? 우리우주의 경계 너머에는 무엇이 존재할까?

그리고 급진적인 질문이 또다시 뒤따랐다. 우리우주는 단 하나의 우주, 즉 세계가 우리 국경에서 끝나는 우주적 알바니아에 불과할까? 아니면 수많은 우주의 고향인 더 큰 우주, 다중우주Multiverse의 소박한 구성원일 뿐일까?

이론물리학의 발전에 힘입어 나는 우주의 탄생을 설명하는 데 도움이 될 만한 이론을 개척하고 발전시킬 수 있었다. 이 이론은 생각하기도 어려운 우리 기원에 대한 질문에 처음으로 해답을 제시했다. 하지만 거기서 그치지 않고 더 나아갔다. 우리우주가 자리 잡은 광활한 다중우주를 살짝 들여다보도록 해주었던 것이다.

우리가 다중우주의 일부라는 생각, 즉 우리우주 너머에 다른 우주들이 있다는 생각이 내 이론의 핵심이다. 많은 비평가들은 다중우주 개념이 순전히 사변적이라고 생각한다. 결코 검증할 수 없기에 과학적으로 무가치한 이론적 공상이라는 것이다. 하지만 나의 이론에 따르면 사실은 그 반대이다.

2000년대 초, 나는 공동 연구자들과 함께 양자물리학 법칙을 우주 기원의 문제에 적용함으로써 이론으로부터 몇 가지 예측을 이끌어냈다(그 법칙 중 하나는 다중우주 속 우주들이 양자얽힘Quantum entanglement을 통해 일종의 교차대화Cross talk를 나눈다는 것이었다). 그 예측들을 통해 우리는 우리우주의 바깥 세계를 엿보고 그 세계가 우리 하늘에 새긴 흔적을 발견할 방법을 알 수 있었다.

종합하자면, 우리는 이론과 검증 가능한 예측을 통해 우리우주의 기원에 대한 해답을 과학적으로 추론할 수 있다. 다중우주의 존재도 실제로 검증 가능하다. 물론 검증은 간접적인 증거에 의존할 수밖에 없다. 왜냐하면 우리는 모든 회의론자를 만족시킬 만큼 확실한 증거를 얻기 위해 다시 돌아오지 못할 지점까지 여행을 떠날 수는 없기 때문이다. 그 지점은 우리우주의 지평선, 심지어 빛조차 우리에게 도달할 수 없는 곳이다. 그럼에도 활용할 수 있는 증거들을 종합하면 우주의 탄생에 대해 많은 것을 배울 수 있다. 지금까지 우리가 예측한 대부분의 변칙 현상이 먼 우주에서 관측되었다는 사실 또한 변함이 없다.

우리가 단일우주Single universe가 아닌 다중우주에서 살고 있다는 생각은 고대부터 철학자들이 고민해온 주제이다. 문명이 발달한 이래 인간은 끊임없이 궁금해했다. 우주가 어떻게 시작되었고, 어떻게 끝날 것이며, 그 너머에 (뭔가 있다면) 무엇이 존재하는지. 수천 년이 흘렀지만 인류가 우주에 대해 품은 수많은 근원적 질문은 거의 변하지 않았다.

세계가 무수히 존재할 가능성을 처음 서양 철학에 도입한 사람들은 고대 그리스의 원자론자들이었다. 원자론자들은 더 이상 나눌 수 없는 물질 덩어리(원자)와 그것들이 움직이는 빈 공간(진공)이 세상을 이루고 있다고 생각했다. 그들의 관점에 따르면, 진공을 돌아다니는 원자 무리가 서로 뭉쳐서 별과 행성 그리고 우주 전체와 같은 더 큰 물체를 형성했다. 원자와 진공의 수가 무한한 덕분에 그 과정은 끊임없이 반복되며 수많은 우주를 만들 수 있었다.

물론 고대 사상가와 오늘날의 과학자는 매우 다르며, 바로 그 점이 중요하다. 지난 몇 세기 동안 자연의 이론과 기술적 발전에 관한 지식을 축적한 덕분에 우리는 과학적 탐구를 추구할 수 있었고 그 탐구를 관측으로 검증하게 되었다. 한때 순전히 철학적 생각에 불과했던 것을 검증하기에 이른 것이다. 과학자들은 이전 세대가 오직 상상만 했던 것을 추론하고 검증할 수 있게 되었다.

이러한 이론과 관측의 진보를 거치며 우리가 발견한 것은 이제 수 세기에 걸쳐 발전해온 주류 사상을 뒤엎을 준비가 되었다. 우리의 연구 결과는 단일우주로만 이루어진 우주의 청사진을 발견하는 꿈, 물리학자들이 오랫동안 품어온 그 꿈에 도전을 제기한다. 그것은 20세기와 21세기 초 이론물리학계의 수많은 위대한 지성들, 그중에서도 특별히 알베르트 아인슈타인Albert Einstein을 사로잡은 꿈이었다.

우리우주가 유일무이하지 않으며 한층 거대한 우주 가족인 다중우주에 속한다는 생각은, (부분적이긴 하지만) 나와 내 동료들의 연구 덕분에 우주론의 변방에서 과학계의 주류로 떠올랐다. 그러한 사건이 어떻게 일어났는지, 또 다중우주라는 생각이 어떻게 받아들여졌는지에 대한 이야기를 이 책에서 들려줄 예정이다.

우리우주의 기원이 왜 중요하냐고? 솔직히 말해서 과학자들이 우주와 그 기원을 연구하는 것은 단순히 호기심 때문이다. 우리는 이 연구 결과가 곧장 실용적으로 응용되리라 기대하지 않는다. 다수의 연구자들이 사용하는 구분법을 빌리자면, 우리우주의 기원 연구는 전통적으로 응용과학이 아닌 순수과학에 속한다.

진화는 인간이 과학을 추구하도록 훈련시켰다. 우리에

겐 특별한 기질이 있다. 어린애 같은 호기심과 주변을 이해하고자 하는 타고난 열망 같은 것들. 그 기질 덕분에 인간이라는 종은 지구의 다른 거주자들보다 더 큰 뇌를 발달시키게 되었다. 이러한 특질들은 유형성숙Neoteny의 결과이다. 유형성숙은 성인이 되어도 일생 동안 그런 특징들을 유지하는 현상을 뜻한다.

순수과학과 응용과학의 초점은 서로 다르지만 둘의 공생 관계는 강력하다. 순수과학의 발견이 없다면 응용과학은 존재할 수 없다. 물론 순수과학 옹호자들이 응용과학과 그 실용적 응용을 무시할 때도 있다. 하지만 역사는 순수과학이 필연적으로 우리 삶을 변화시킬 수 있는 실용적 응용으로 이어진다는 사실을 입증해왔다.

잠시 마이클 패러데이Michael Faraday의 일화를 살펴보자. 그는 전자기 현상의 신비를 밝혀낸 19세기의 과학자이다. 어느 날, 영국의 재무장관이 패러데이의 연구실을 방문했다. 연구실을 모두 둘러본 후 재무장관이 물었다. "굉장히 인상적이긴 합니다만, 이것이 무슨 쓸모가 있습니까?" 패러데이는 다음과 같이 답했다. "저도 잘 모르겠습니다. 다만 이것으로 세금을 걷게 될 날이 올 겁니다." 실제로 오늘날 지구에 사는 수십억 명이 전기 요금을 지불하고 있으며 전기 없이는 생활하지 못한다.

만일 누군가가 아인슈타인에게 상대성이론의 쓸모를 묻

는다면 아인슈타인은 패러데이와 똑같이 답했을 것이다. 갈수록 필수가 되어가는 수많은 첨단기술, 특히 GPS 장치는 아인슈타인의 연구에 기초한 것이다. 현대 신경과학의 뇌 지도화Brain mapping 기술과 주식 시장을 관리하는 전자거래 프로그램은 양자역학의 원리와 규칙으로 작동한다. 우리는 호기심에 이끌려 하늘 위에서 별이 빛나는 원리를 추구한 끝에 핵에너지, 핵의학, (그리고 불행히도) 핵무기를 만들 도구를 얻게 되었다. 우주의 구조와 별의 형성에 대한 탐구는 친환경 에너지의 잠재력이 있는 핵융합과 핵분열의 발견으로 이어졌다. 인터넷, 와이파이, 컴퓨터 그리고 우리가 의존하고 있는 그 밖의 모든 전자기기(ATM, 무선 계좌이체, 의료 영상기기, 현대 의료장비 등)는 아인슈타인과 동시대 이론과학자들이 만든 양자역학 이론이 없었다면 존재하지 않았을 것이다.

언젠가 다중우주 탐구와 관련된 발견으로부터 이와 비슷한 혜택을 누릴 날이 올지도 모른다. 우리우주의 기원을 더욱 잘 이해하면 어떤 기술적 발전이 이루어질지 누가 알겠는가? 또한 수 세기에 걸친 과학적 정설을 거스르는 전제를 받아들였을 때 어떤 독창성과 창의성이 발휘될지 누가 알겠는가? 우주의 진정한 작동 원리에 대해 더 많이 배운다면, 위대한 과학적 혁신과 발견이 우리 앞에 있다는 사실을 알게 될 것이다.

과학적 탐구에 참여한다고 생각하면 주눅 들면서도 흥분된다. 하지만 그건 다른 어떤 것보다도 영감을 주는 과정이다. 지금부터 그 과정을 당신과 나누고자 한다. 이 책에서 나는 우주의 경이로움을 따라가며 우리의 기원에 대한 답을 찾고 광막한 우주의 가족, 다중우주의 증거를 찾는 개인적인 여정을 설명할 것이다. 지구가 우주의 중심점에 있고 태양과 달 그리고 행성들과 별들이 모두 우리의 고향을 돌고 있다는 믿음이 뒤집혔던 것처럼, 이제 우리는 우주의 중심이었던 우리우주를 그 역사적 위치에서 끌어내리고 있다. 그렇게 우리는 우리의 기원에 대한 이야기를 다시 쓰고 있다.

차례

1장

—

우리 우주는 특별한가?

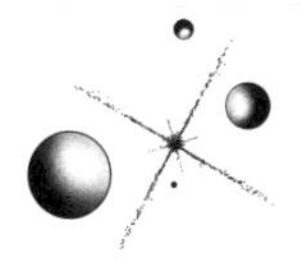

수년 동안 전 세계의 공항을 방문했지만 티라나의 마더테레사 공항은 내 기억 속 가장 큰 공항이다. 나의 과학적 여정이 말 그대로 '날아오른' 곳이다.

1994년 1월, 나는 벽으로 둘러싸인 알바니아의 삶을 떠나 미국에서 새로운 삶을 시작했다. 이전에는 상상도 해보지 못한 길을 가는 여정이었다. 미국의 대학교에서 공부할 수 있는 전액 장학금을 받았던 것이다.

그날로부터 몇 년 전, 알바니아가 공산주의 독재의 사슬에서 벗어나기 시작하면서 미국 대사관과 문화원은 50여 년간 걸어 잠갔던 문을 다시 열었다. 얼마 지나지 않아 미국은 알바니아인에게 풀브라이트 장학 프로그램을 제공했다. 당시 나는 티라나대학교에서 물리학 학사 졸업을 준비 중이었고, 앞으로의 인생과 경력을 위해 뭘 해야 할지 고민하고 있었다. 공부를 계속하고 싶었지만 알바니아에는 물리학 대학원 과정이 없었다. 해외로 유학을 가는 것이 유일한 길이었다.

풀브라이트 프로그램은 널리 홍보되었다. 알바니아에서 개인의 성과는 거의 중요하지 않으며 정치적 인맥이 전부라는 사실을 나는 경험으로 알고 있었다. 나 같은 사람이 지원서를 작성해 시험을 치르면 미국에서 공부할 장학금을 받을 수 있다니 꿈만 같았다. 친구들의 권유로 지원은 했지만 그다지 기대하진 않았다. 몇 달 뒤 풀브라이트 장학금을 받게 되었다는 축하 편지를 받고 나는 깜짝 놀랐다. 칼리지파크에 있는 메릴랜드대학교에서 1년간 물리학 상위 과정을 공부할 수 있게 되었던 것이다. 알바니아인이 과학 분야에서 풀브라이트 장학금을 받은 것은 처음이었다. 그렇게 나는 미국의 공정한 성과주의 제도를 처음으로 경험하게 되었다.

부모님과 남동생은 내게 작별 인사를 하러 공항까지 동행했다. 엄마와 동생이 눈물을 터뜨리고 있을 때, (수학과 가족 외에도 등산과 체스에 열정을 보이시던) 아버지는 마지막 순간에도 조언을 아끼지 않으셨다. "정말로 좋은 과학 연구는 산을 오르는 것과 같단다. 뛰어난 솜씨와 지구력 그리고 과학자로서 정직함을 더럽히지 않을 용기가 필요해. 그래도 정상에서 바라보는 경치는 숨이 멎을 정도로 아름답고 그만큼 노력을 기울일 가치가 있단다." 이어서 아버지는 덧붙이셨다. "체스를 제대로 두려면 상대보다 적어도 세 수는 앞서야 해. 첫 번째 수는 물론이고 두 번째와 세 번째 수에서 발생할 수 있는 모든 조합과 결과를 짐작한 뒤에 잘못될 만한 상황을 예측하고 대비해야 한단다."

내 생각이 더 큰 그림과 일치하는지 철저하게 검토하고 그 생각이 어느 부분에서 잘못될 수 있는지 예상하라는 것이었다.

우리는 포옹을 나누었다. 벌써부터 가족이 그리웠다. 아버지는 한 걸음 물러서더니 날 바라보셨다. 그러고는 떨리는 목소리로, 부모만이 자식에게 해줄 수 있는 말을 들려주셨다. "뒤돌아보지 마. 우린 괜찮을 거야."

나는 스위스 항공 비행기에 몸을 실었다. 아는 사람이 아무도 없는 나라, 고향으로부터 광대한 바다를 사이에 두고 떨어져 있는 그 나라에서 어떤 삶이 펼쳐질지 궁금해하면서. 그땐 1년간의 풀브라이트 프로그램이 미국 대학원 합격으로 이어지게 될 줄은, 또 그곳에서 평생 연구하게 될 줄은 상상도 하지 못했다. 그리고 미국이 나의 새로운 보금자리가 될 줄도 전혀 예상하지 못했다.

안개가 비행기를 뒤덮고 지상을 가렸다. 비행기는 볼티모어 워싱턴 국제공항에 착륙했다. 세관을 통과하자 메릴랜드대학교 국제학생 지원팀의 직원이 나를 맞이했다. 바깥에는 함박눈이 계속 내리고 있었다. 캠퍼스 근처 호텔에 도착할 무렵 눈발은 한층 거세졌고 폭풍은 기록적인 폭설로 변해 있었다. 공항과 워싱턴 D. C. 시내를 비롯한 모든 것이 멈추었다. 저녁 무렵 쏟아져내리는 눈과 빙판길이 가로등 아래서 섬뜩하게 반짝이는 모습을 지켜보았다.

나는 호텔에 발이 묶인 투숙객을 위해 친절하게도 로비에서 제공한 도넛과 드립커피로 버티며 미국에서의 첫 주를 보냈다. 그 주에 경험했던 조용한 사색과 경이의 순간들은 (도넛의 달콤함은 말할 것도 없다!) 앞으로 미국에서 보낼 새로운 삶의 좋은 징조가 되었다.

돌이켜보면 많은 것들이 명확해 보이지만, 솔직히 말하면 난 물리학자가 되지 않을 수도 있었다. 고등학생 시절의 나는 티라나대학교에서 물리를 전공할지 수학을 전공할지 결정하지 못했다. 심지어 선택 기한을 일주일 남겨두고도 정할 수 없었다. 둘 다 좋았다. 딜레마 해결에 도움이 될까 해서 전국 수학 및 물리학 경시대회에 출전하기도 했지만 공교롭게도 두 분야에서 모두 우승하면서 선택하기가 더욱 힘들어졌다. 그래서 동전을 던졌다. 앞면이라면 물리학, 뒷면이라면 수학. 결과는 앞면이었다.

그렇게 우연히 물리학의 길에 들어섰지만, 나는 항상 숫자와 자연과학의 세상에 살고 싶었다. 당시 알바니아에서 사회과학과 경제학, 인문학은 대부분 정치적 독단의 탈을 쓰고 있었다. 역사는 공산주의 신화와 동화를 알바니아식으로 바꾼 것에 지나지 않았다. 법학 전문 대학원도 허울에 불과했다. 변호사가 없었기 때문이다. 나는 그런 분야에 전혀 끌리지 않았다. 하지만 나와는 달리 자연과학에 배정된 많은 학생들은 이 학문을 형벌로 여겼다. 수학과 물리학을 가르치는 건물은 '겨울 궁전'이라는 조롱 섞인 별명으로 불렸다.

그래도 나는 수학이 좋았다. 수학의 순수한 논리와 정확성은 모든 모호함과 임의성을 없애주었기 때문이다. 그건 알바니아의 삶에서 보기 드문 특성이었다. 수학 못지않게 물리학도 좋았다. 수학을 창의성, 직관과 결합하고 일련의 아이디어를 통해 현실에 적용할 수 있었으니까. 나는 총 5년 과정인 고급 물리학을 전공하게 되었고, 2학년이 되고 나서는 수학 과정에도 등록하기로 했다.

그 당시 내가 알바니아에서 직장 생활을 했다면 물리학 학위에 더해 수학 학위를 취득한다고 해도 실질적인 차이는 없었을 것이다. 그래도 부모님은 나의 결정을 응원해주셨다. 어머니는 내가 학위 두 개를 따느라 파티 갈 시간이 없을 거라며 반기셨던 것 같다. 아버지는 수학을 향한 열정을 나와 나눌 수 있어 기뻐하셨다.

알바니아의 친구들은 수학을 재미로 하는 것이 미친 짓이라고 생각했다. 하지만 호텔에서 작은 아파트로 거처를 옮겨 메릴랜드대학교의 드넓은 캠퍼스를 돌아다니기 시작하자 상황은 달라졌다. 나만큼이나 수학에 열정적이고 자신에게 주어진 교육의 기회를 최대한 활용하기로 결심한 학생들이 나를 둘러싸고 있었다.

메릴랜드대학교 물리학과는 엄청난 규모의 대학원 프로그램을 보유했다. 세계적 수준의 이론물리학 연구 그룹들이 참여하는 수많은 연구 계획과 함께 물리학의 고급 과정을 이례적으로 많이 제공했다. 풀브라이트 프로그램 기간 동안 나는 그 기회들을 최대한 이용했고 필수 이수 과목보다 많은 수업을 들었다. 그리고 장학금 지원이 끝난 뒤에도 공부를 계속할 수 있도록 메릴랜드대학원에 지원했다. 다행히도 합격 통지를 받았다.

물리학과 대학원생은 200명 남짓이었는데, 여성은 단 세 명뿐이었다. 심각한 성별 격차를 제외하면 구성원은 매우 다양했다. 알바니아의 정권이 무너질 때까지 그간 내가 만난 다른 사람들은 대부분 알바니아인이었다. 다양한 배경과 지역 출신의 학생들과 함께 지내는 건 무척 새롭고 놀라운 경험이었다. 세상은 분명 내가 경험한 것보다 더 넓었다.

대학원에서 2학년이 되었을 때 나는 우주에 관한 거대한 질문들, 특히 우주 전체를 연구하는 이론물리학과 우주론에 마음이 끌렸다. 말 그대로 우주의 구성요소를 연구하는 분야였다.

이론물리학자는 상상할 수 있는 가장 작은 입자부터 가장 먼 거리까지, 자연의 작동 방식을 해독하는 것을 목표로 한다. 그 일은 다음과 같이 이루어진다. 기존의 자연법칙을 활용해 새로운 법칙을 발견한다. 또한 검증된 이론을 사용하다가 필요할 경우 더 나은 이론으로 대체하고, 그런 법칙과 이론들의 토대인 수학 방정식을 풀어 다음 수수께끼를 풀어나간다. 우리는 마치 아이들처럼 질문하는 걸 좋아한다. 질문은 기초적인 것부터 복잡한 것까지 다양하다. 그렇게 터무니없는 발상들을 떠올린 다음 엄격한 논리와 관측 검증을 통해 무자비할 만큼 면밀한 조사를 거치고 대부분을 폐기한다. 우리는 논리적으로 추론하고 종합하는 것을 좋아하지만, 일상에서 필요한 실용적인 기술은 부족하다고 여겨지기도 한다.

메릴랜드대학원에서 나는 중력 이론 및 우주론 연구 그룹에 합류했다. 교수의 주도하에 특정 연구 분야를 중심으로 구성된 연구 그룹 중 하나였다. 그룹에는 박사후 연구원과 학생이 포함되어 있었다(중력의 근본 원리를 연구한 저명한 물리학자 찰스 미스너**Charles Misner**가 그룹 구성원이었다. 미스너는 존 휠러**John Wheeler**의 제자이자 휴 에버렛 3세**Hugh Everett III**의 프린스턴대학교 동창이었다. 앞으로 책에서 이 두 사람과 만나게 될 것이다).

그룹에서 주최한 세미나에서 어떤 발언을 듣고 충격을 받았던 일이 기억난다. 강연자는 우리우주가 존재할 가능성에 대해 상세히 설명했다. 그리고 고에너지에서 빅뱅이 일어나 우리우주가 지금처럼 형성될 확률은 0에 가깝다는 결론을 내렸다! 그런 확률을 계산하는 건 실제로 가능한 일이었다. 영국의 저명한 수학자이자 이론물리학자인 로저 펜로즈Roger Penrose가 1970년대 말에 이미 계산해봤던 것이다(훗날 펜로즈는 노벨상을 수상한다).

우리우주가 자발적으로 형성될 가능성을 계산한 펜로즈는 충격적인 수를 얻었다. $10^{10^{123}}$분의 1. 그것은 '구골플렉스Googolplex'분의 1, 즉 $10^{10^{100}}$분의 1보다 작은 확률이었다. 내가 보기에는 완전히 터무니없는 수였다.

수학자들은 '1을 쓴 후 그 뒤에 지칠 때까지 0을 덧붙인 수'가 바로 구골플렉스라고 농담 삼아 말한다. 이 수를 적으려면 우리우주 전체보다 큰 공간이 필요하다.

당신이 우주론학자라면 펜로즈의 계산 결과를 두고 깊은 고민에 빠질 것이다(우주론학자가 아니더라도 마찬가지일 것이다). 우리우주의 탄생은 매우 독특한 상황에서 비롯된 특별한 사건이라, 과거에 일어난 적도 없고 앞으로도 절대로 일어나지 않는 일일까? 우리는 사실상 당첨 자체가 불가능한 기묘한 우주 복권에 당첨된 것일까?

스티븐 호킹Stephen Hawking과 함께 펜로즈는 한 걸음 더 나아갔다. 펜로즈와 호킹은 기본 원리로부터 하나의 정리(수학적으로 증명 가능한 명제)를 논리적으로 도출해냈다. 만일 우리우주가 탄생한 이래 팽창했다면, 말 그대로 무한한 에너지 밀도를 가진 공간상의 한 지점, 즉 '특이점Singularity'에서 시작된 게 분명하다는 정리였다.

호킹과 펜로즈의 특이점 정리는 그 어떤 과학자라도 우리우주가 탄생하는 순간을 결코 탐구하지 못하리라는 점을 시사했다. 왜냐하면 **탄생 이전**에는 아무것도, 정말 아무것도 없었기 때문이다. 그렇다는 것은 우주 탄생의 원인이 되는 조건들을 재현하거나 확인할 길이 없다는 뜻이었다. 우리우주의 탄생은 우리가 연구할 수 있는 능력 밖의 일이라는 말과 다름없었다.

내가 보기에는 매우 흥미로운 문제였다.

메릴랜드에 살 때 내가 가장 좋아했던 주말 활동은 베세즈다 시내의 대형 서점에서 오후 내내 온갖 주제에 관한 책을 구경하는 것이었다. 문학에서 철학 그리고 예술까지, 물리학만 빼고 모든 책을 들쑤셨다.

물리학은 평일을 위해 남겨두었다. 평일 저녁이 되면 최대한 많은 과학 문헌을 읽고 계산을 재현해보기도 했다. 나는 펜로즈가 어떻게 우리우주에 관한 터무니없는 결론에 도달했는지 이해하고 싶었다. 그리고 우리우주가 탄생하기 전에는 아무것도 존재하지 않았다는 견해를 동료 과학자들이 받아들이도록 설득한 논증을 따라가 보고 싶었다.

펜로즈의 논증은 흥미로웠지만 그의 결론은 납득이 가지 않았다. 나는 펜로즈의 논문을 거듭 들여다보며 그의 추론을 해부하고 분석했다. 그러면서 마침내 설득이 되거나 추론이 어디에서 잘못되었는지 찾아낼 수 있기를 바랐다. 물론 펜로즈와 호킹이 특이점 정리로 막아놓은 의문을 내가 해결할 수 있다고 생각하진 않았다. 나는 망상에 빠진 게 아니었다. 그저 호기심이 많았던 것뿐이다.

머지않아 나는 우리우주가 존재할 확률이 0에 가깝다는 펜로즈의 결론이 매우 견고하다는 점을 깨달았다. 놀라울 정도로 단순한 그의 발견은 열역학 제2법칙이라는 자연의 기본 법칙에 근거했다. 이 법칙은 19세기 오스트리아의 저명한 물리학자 루트비히 볼츠만Ludwig Boltzmann의 연구에 입각한 것이었다.

열역학과 원자론의 발전에 볼츠만이 크게 공헌했다는 사실은 알바니아 학부생 시절에 배워서 이미 알고 있었다(말이 나온 김에 말인데, 나에게 열역학을 가르쳐주신 교수님은 알바니아 과도기에 대통령이 되었다). 하지만 볼츠만이 이룩한 업적의 중요성을 충분히 이해하고 음미한 것은 펜로즈의 추론 결과, 즉 그가 방정식을 풀어서 얻은 해를 분해해본 뒤였다.

볼츠만의 발견은 단순히 그의 이름을 딴 방정식 모음에 그치지 않고 현대 물리학의 발전에 주요한 디딤돌이 되었다. 볼츠만의 획기적인 발견은 어떤 사건이 자발적으로 발생할 확률과 엔트로피Entropy라는 개념 사이의 매우 중요한 관계를 밝혀냈다. 실제로 펜로즈가 제시한 터무니없는 수, 즉 우리우주가 무작위로 출현할 확률은 0에 가깝다는 결론을 이끌어낸 것은 확률에 대한 볼츠만의 통찰이었다.

볼츠만의 엔트로피 개념은 간단히 말해 무질서를 정량화한 것이다. 다양한 크기와 색상의 셔츠로 가득 찬 아이들의 옷장을 상상해보자. 거시적인 수준에서 옷장은 그 크기와 문의 색깔, 안에 넣은 셔츠의 수로 서술할 수 있다. 어느 날, 부모님이 옷장 정리 규칙을 세운다. 모든 셔츠는 작은 것에서 시작해 갈수록 커지도록 크기 순서로 걸어놓아야 한다. 그러나 다음 날 아이들은 아랑곳없이 셔츠를 옷장 속에 무작위로 걸어두기 시작한다(아니면 옷장 바닥에 던져둘 가능성이 더 높겠다). 크기별로 정리해 셔츠의 순서가 딱 하나로 정해져 있는 부모님의 옷장계System(셔츠의 모임)와 달리, 아이들의 옷장계에선 셔츠가 배치되는 경우의 수가 매우 다양하다. 하지만 부모님이나 아이들의 셔츠 배치에 관한 정보는 옷장의 거시적 서술에는 빠져 있었다. 아이들이 셔츠를 다르게 배치하고 정돈된 옷장을 엉망으로 만들 때마다 새로운 배열이 나타나는데, 물리학 전문용어로는 그 하나하나의 배열을 '미시상태Microstate'라고 부른다. 따라서 부모님의 딱 하나밖에 없는 정돈된 계와 달리, 아이들의 무질서한 옷장계는 수많은 미시상태를 가진다. 무질서하게 어지르는 방법이 굉장히 많기 때문이다. 무질서의 구체적인 세부 내용은 옷장에 대한 거시적 서술로는 알 수 없지만, 전반적으로 볼 때 무질서한 옷장이 특별하지 않다는 것은 추론할 수 있다. 왜냐하면 무작위로 옷장을 열어보았을 때 그 옷장이 정돈되어 있을 가능성보다 무질서할 가능성이 훨씬 더 크기 때문이다.

미시상태의 모음에서 누락된(숨겨진) 정보의 양이 바로 볼츠만의 엔트로피다.* 앞서 설명한 옷장을 예로 들면, 엔트로피는 거시적 상태(옷장의 크기와 색깔, 셔츠의 수)가 바뀌지 않는 조건에서 한 계가 가질 수 있는 모든 미시상태(셔츠의 배열)의 수를 산출한다. 따라서 엔트로피는 어느 계에 숨겨진 정보의 척도가 된다. 다시 옷장을 예로 들면, 엔트로피는 옷장의 세부 내용과 그 내부의 무질서를 어떤 수학 공식을 통해 상세하게 서술해준다.

나는 볼츠만의 엔트로피가 무엇인지 이미 알고 있었다. 정말 궁금했던 것은 우리우주가 무작위로 탄생할 확률(또

* 옷장 속의 셔츠 예시를 다시 생각해보자. 모든 셔츠가 크기 순서대로 정돈되어 있다면 우리는 셔츠에 대한 정보를 상당히 많이 가지고 있는 것이다. 반면 셔츠가 무질서하게 배치되어 있다면 셔츠의 위치를 명확히 알기가 어렵다. 그런 의미에서 셔츠의 위치에 대한 정보는 누락되거나 숨겨져 있다고 말할 수 있다.— 옮긴이

는 그러지 않을 확률)을 펜로즈가 엔트로피와 관련지은 방식이었다. 엔트로피는 우리우주의 탄생과 어떤 관련이 있을까? 우주의 확률에 대한 정량적인 지식이 어떻게 엔트로피에 대한 지식에서 비롯되었을까?

그 답은 오스트리아 빈에 있는 볼츠만의 묘비에 새겨져 있다. 그토록 유명한 물리학자의 흉상 위, 묘비 꼭대기에는 수학 공식으로 된 특이한 비문이 적혀 있다.

$$S = k \operatorname{Log} W$$

이 식은 볼츠만의 유명한 방정식 중 하나로, 볼츠만 엔트로피 공식으로 불린다. S는 우리가 염두에 두는 특정 계(가령 아이들의 옷장)의 엔트로피를 뜻한다. W는 그 계가 가질 수 있는 미시상태의 수이다. 옷장 속에서 셔츠를 배치할 수 있는 모든 경우의 수에 해당한다. Log는 여기서 자연로그로, 오늘날에는 Ln으로 표시한다.** k는 값이 일정한 상수이며 볼츠만 상수라고 부르는데, 이 상수 덕분에 공식의 나머지 부분이 맞아떨어지게 된다. 간단히 말해, 엔트로피는 특정 계가 가질 수 있는 미시상태의 수에 따라 증

** 자연로그 Ln과 지수는 역연산 관계이다. Ln은 밑이 상수 e인 로그이기 때문에($Log_a b$에서 a를 '밑'이라고 한다) $e^{\ln x}=x$이다(e는 값이 약 2.7인 무리수이다). 이때 변수 x는 어떤 값이든 취할 수 있다.

가한다(더 정확히 말하자면 미시상태의 수의 로그에 비례한다). 다르게 표현하자면, 특정 계가 가질 수 있는 미시상태의 수 W는 엔트로피 S에 따라 기하급수적(지수적)으로 증가한다.*

볼츠만의 묘비에 새겨진 공식은 계를 이루는 작은 조각(미시상태)의 관점에서 엔트로피를 미시적으로 이해하는 최초의 시도였다. 하지만 대학원에서 다시 살펴보기 전까지 나는 그 통찰의 진정한 의미를 미처 알아보지 못했다. 그 통찰은 작은 조각의 수, 즉 특정 계가 가질 수 있는 미시상태의 수가 다름 아닌 그 계가 발생할 확률의 직접적인 척도라는 것이었다(미시상태의 수는 엔트로피를 통해 계산된다).

다시 옷장을 예로 들어보자. 옷장을 어지르는 방법은 매우 많으며 따라서 미시상태의 수(W)도 굉장히 많지만, 옷장을 질서 있게 정돈하는 방법은 몇 가지밖에 없다. 그러므로 옷장을 무작위로 열어보았을 때 그 옷장이 정돈되어

* 자연로그 Ln과 지수의 관계를 고려하면, 볼츠만의 공식을 $W=e^{S/k}$로 바꿔 쓸 수 있다. 펜로즈가 추정한 초기 우주의 엔트로피는 매우 작다. 따라서 우리우주와 같은 우주가 탄생할 확률 W는 (펜로즈의 계산에 따르면) $10^{10^{123}}$분의 1, 즉 0에 가깝다. (본문에서 설명된 것처럼 W는 엄밀히 말해 미시상태, 즉 경우의 수이다. 그런데 특정 거시상태를 이루는 경우의 수가 적을수록 그 거시상태가 출현할 확률이 낮다. 펜로즈의 추정에 따르면 식 $W=e^{S/k}$에서 S가 매우 작으므로 우리우주가 탄생하는 경우의 수 W는 0에 가깝고, 따라서 그 탄생 확률도 0에 가까워진다.— 옮긴이)

있을 확률은 매우 희박할 것이다. 우주 자체를 비롯한 더 큰 계에도 동일한 원리를 적용할 수 있다.

옷장이든 우주 전체든 상관없이 모든 거시적인 계에는 그 계를 발생시키고 현실화할 수 있는 고유한 미시상태 모음이 있다. 만일 우주가 탄생하는 순간에 그 발생을 가능하게 하는 미시상태의 수가 굉장히 많다면, 그 우주가 무작위로 존재하게 될 확률도 높을 것이다. 마찬가지로, 특정한 우주 탄생 모형을 현실화하는 미시상태의 수가 적을수록 그 우주가 모형대로 탄생할 확률은 기하급수적으로 낮아질 것이다.

볼츠만의 공식은 특정 계의 엔트로피를 그 계의 발생 확률과 관련지음으로써 다음과 같은 점을 시사한다. 우리우주가 우연히 탄생할 가능성이 펜로즈의 계산대로 다른 우주(우리가 상상할 수 있는 다른 우주)보다 기하급수적으로 낮으려면, 우리우주는 엔트로피가 매우 낮은 극도로 질서정연한 상태에서 시작되었어야 한다.

펜로즈가 우주의 엔트로피를 도출한 방식을 이해하면 할수록 우리우주의 존재 가능성이 희박하다는 이야기가 한층 더 흥미로워졌다. 우리우주의 엔트로피가 얼마인지 어떻게 알 수 있을까? 그 엔트로피를 계산하려면 어떤 정보가 필요할까? 우주의 엔트로피는 매 순간 우주의 모든 미시상태의 수, 즉 우주의 구성요소가 이룰 수 있는 모든 배열의 수를 산출한다. 결국 엔트로피는 우리우주가 얼마나 무질서한지 그리고 우주에 숨겨져 있는 정보가 얼마나 되는지 알려준다.

앞서 살펴본 옷장이 우리우주만큼 크다고 가정해보자. 그렇다면 셔츠는 모든 원자와 양성자, 별과 은하에 해당한다. 다시 말해, 셔츠는 우리우주에 존재하는 모든 물질과 에너지, 복사Radiation*에 해당한다. 현 시점에 존재하는 구성요소의 양은 우리우주에 관한 천체물리학적 관측을 토대로 추론할 수 있다. 우주에 있는 두 광자가 위치를 서로 바꿀 때마다 우리는 새로운 배열, 즉 우주의 새로운 미시상태를 얻게 된다. 초신성 폭발이 일어나 우주에 물질을 흩뿌릴 때마다 또다시 새로운 미시상태가 생겨난다. 그럼에도 거시적인 우주 전체는 동일하게 유지된다. 옷장 예시와 같이, 과학자들이 우리우주의 물질과 에너지의 양을 알 수 있다면 그 구성요소들이 퍼질 수 있는 모든 경우의 수를 세서 계의 엔트로피를 계산할 수 있다. 바로 그것이 펜로즈가 한 일이었다. 그 결과, 현재 우리우주의 엔트로피는 그리 크지 않았다.

하지만 언제나 함정이 도사리고 있기 마련이다. 우리우

* 물체에서 전자기파를 방출하는 현상 또는 방출된 전자기파 자체를 뜻한다.— 옮긴이

주의 경우 다음과 같은 함정이 도사리고 있었다. 우리우주의 존재 가능성은 현 우주의 엔트로피가 아니라 탄생 순간의 엔트로피에 달려 있다. 우리가 탄생의 순간을 관찰할 수 없기 때문에 이를 파악하기란 쉽지 않다. 이런 상황에서 펜로즈는 우리우주의 탄생 확률을 추정하기 위해 태초의 엔트로피를 추론할 방법을 찾아야 했다. 어떻게 그럴 수 있었을까?

우주가 탄생하는 순간의 엔트로피를 정확히 알아내기 위해 나는 가장 중요한 자연법칙 중 하나인 열역학 제2법칙을 다시 들여다봐야 했다.

열역학 제2법칙에 따르면 계의 엔트로피는 결코 감소하지 않는다.** 엔트로피는 어떤 값에서 시작하더라도 시간이 지나면서 항상 증가한다. 다시 말해, 덜 무질서해지는 것이 아니라 더 무질서해지는 것이 계의 자연적 경향이다.

열 출입을 막는 단열 문을 사이에 두고 두 개의 방이 연결되어 있다고 상상해보자. 첫 번째 방은 온도가 낮고(5도) 두 번째 방은 온도가 높다(40도). 열역학 제2법칙에 따르면 문을 열었을 때 시간이 지나면서 두 방의 엔트로피에 무슨 일이 일어날지 알 수 있다. 공기 분자들이 두 방을 오가면

** 엄밀히 말해, 열역학 제2법칙은 물질 및 에너지를 외부와 교환하지 않는 '고립계'에만 적용된다. 우리우주 전체는 고립계에 해당하므로 열역학 제2법칙을 적용할 수 있다.—옮긴이

서 두 방의 온도는 평균 온도로 서서히 변화한다. 이때 공기 분자가 돌아다니며 새로운 배열을 만들 수 있는 공간이 늘어나기 때문에 무질서도가 증가한다. 분자들은 한 방에서 다른 방으로 갔다가 돌아올 수도 있다. 열이 차가운 방으로 서서히 전달되면서 두 방 안에 새로운 미시상태들이 만들어진다. 시간이 지날수록 두 방의 미시상태 수는 더 많아지고, 두 방의 모든 지점에서 온도가 똑같아질 때까지 그 수가 계속 증가한다.

더군다나 외부의 개입 없이는 이 과정을 되돌릴 수 없다. 아무리 오래 기다린들, 처음에 뜨거웠던 방이 다시 뜨거워지고 차가웠던 방이 다시 차가워지는 일은 일어나지 않는다! 두 방이 자발적으로 원래 상태로 돌아가는 일은 일어나지 않는다. 다르게 말하자면, 인접한 두 방의 엔트로피는 시간이 지남에 따라 되돌릴 수 없이, 즉 '비가역적'으로 계속 증가한다.

이러한 작용이 열역학 제2법칙의 핵심이다. 시간 경과에 따른 엔트로피 증가는 어떤 계든 상관없이 보편적이고 비가역적이다.* 그리고 자연에 존재하는 모든 계는 시간의 흐름에 따라 엔트로피가 증가해서 (온도가 똑같아지는 두

* 앞서 설명했듯이 엄밀히 말해 오직 고립계에서만 엔트로피가 계속 증가한다.— 옮긴이

방처럼) 평형에 도달하는 경향이 있다. 이 법칙을 우주 전체에 적용해도 똑같은 결론을 얻을 수밖에 없다. 우주 전체 계의 엔트로피는 시간이 지남에 따라 비가역적으로 증가한다.

우리는 현 우주의 엔트로피를 알고 있다. 우주 공간과 지상에 기반한 천체물리학적 관측 그리고 우주 팽창 측정을 통해 우주의 모든 구성요소(질량, 에너지, 복사)의 양을 알아낼 수 있기 때문이다. 그리고 열역학 제2법칙을 적용함으로써 우리우주가 탄생한 순간의 엔트로피가 현 시점보다 작았을 수밖에 없다고 추론할 수 있다. 그런데 초창기 우주의 엔트로피는 현 시점에 비해 얼마나 작았을까? 단순히 당시 우주 상태의 엔트로피가 지금보다 작았다고 주장하는 것만으로는 탄생 확률을 추정하기에 충분한 정보를 제공하지 못한다.

또 다른 문제도 있다. 펜로즈는 볼츠만의 묘비에 적힌 공식을 통해 계산해보니 우리우주가 존재할 확률이 터무니없이 작다고 주장했다. 펜로즈의 주장은 우리우주가 탄생한 순간의 엔트로피 값을 정확히 알아야만 타당한 것이었다. 하지만 열역학 제2법칙은 탄생 당시 엔트로피가 정확히 얼마였는지 알려주지 않는다. 이 수수께끼는 깊이 파고들수록 더욱 복잡해졌다.

우리우주가 탄생한 순간의 엔트로피를 재구성하려면 과거로 거슬러 올라가 우주 진화의 시작까지 추적해야 했다. 하지만 문제가 도사리고 있었다. 현대판 빅뱅 이론에 의해 정설이 된 초기 우주 이야기, 인플레이션 우주론Cosmic inflation은 우리우주에 관해 거의 모든 것을 성공적으로 설명한다. 문제는 그 이야기가 매우 특별한 기원을 가진 우주, 즉 이례적으로 낮은 엔트로피 상태의 우주를 서술한다는 것이다.

인플레이션(급팽창) 우주론은 고에너지로 가득했던 작은 원시우주Primordial universe가 엄청난 폭발을 거치며 눈 깜짝할 사이에 매우 커졌다고 가정한다. 인플레이션 이론은 작았던 우주가 어떻게 자연스럽게 몸집을 키우고 훗날 생명체로 가득 차게 되었는지 설득력 있는 이야기를 제공한다. 관측 결과와 절묘하게 일치한다는 사실도 오늘날까지 그 이론이 과학자들과 대중에게 널리 받아들여지고 있는 이유이다.

하지만 펜로즈의 논문은 인플레이션 우주론에 수많은 의문을 제기했다. 인플레이션 우주론은 우리우주의 초기 상태가 고에너지이면서도 엔트로피가 매우 낮다고 가정하는데, 이는 우리우주가 그러한 방식으로 시작되었을 확률이 극도로 낮다는 점을 시사한다(앞서 말했듯, 엔트로피가 낮으면 발생 확률도 낮아지기 때문이다). 펜로즈의 논증은 인플레이션 우주론의 이러한 난점을 지적하면서 인플레이션 우주를 우리우주의 조상으로 자리매김하려는 주장의 타당성에 강력한 위협을 가했다.

한마디로 말해, 바로 이것이 우리우주의 기원에 관한 악명 높은 난제였다.

나는 간단한 계획을 세웠다. 인플레이션 우주론의 세부 내용과 인플레이션 이후에 벌어진 과정을 확대해 들여다보기로 했다. 또한 이 문제를 해결하려 했던 기존 시도들에 대해서도 알고 싶었다. 특히 그러한 시도들이 왜, 어떤 점에서 실패했는지 이해하고 싶었다. 만일 우리우주의 특별한 기원에 관한 풀리지 않는 문제가 인플레이션의 산물이라면, 그 이론을 버리고 더 나은 탄생 모형으로 교체해야 할지도 모를 일이었다. 나는 궁금했다. 우리우주가 존재할 가능성이 희박해 보인다는 것은 일반적으로 받아들여지던 우리우주의 기원 이론에 다른 문제, 어쩌면 근본적인 문제가 있다는 뜻일까? 아니면 우리가 완전히 요점을 놓치고 잘못된 질문을 던지고 있었던 것일까? 두 질문에 대한 답은 모두 "그렇다"로 밝혀졌다.

2장

—

우리우주는 어떻게 시작되었는가?

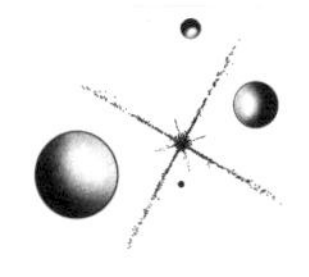

1989년, 베를린 장벽 붕괴라는 중대한 역사적 사건으로 인해 내 인생의 궤도가 바뀌었다. 알바니아는 소련의 일부가 아니었지만 변화의 물결을 무시할 수는 없었다. 알바니아의 학생들은 1990년부터 언론의 자유와 다원주의를 위해 시위를 벌였지만, 진정한 혁명은 1991년에 일어났다. 그해 2월, 한 무리의 대학생들이 당시 정권을 잡고 있던 라미즈 알리아Ramiz Alia를 향해 권력을 포기하라며 기숙사에서 단식 투쟁을 시작했다.

그때 나는 티라나대학교의 학부생이긴 했지만 부모님과 함께 살고 있던 터라 단식 투쟁이 벌어지기 전까지 그 계획을 알지 못했다. 투쟁이 계속되는 동안 나는 친구들 그리고 그들의 부모님과 함께 기숙사 밖에 앉아 참가자들의 곁을 지켰다.

학생들의 건강 상태가 악화되자 수백 명의 광부들이 단식을 중단시키고 정부를 타도하기 위해 장장 80킬로미터를 걸어 티라나로 왔다. 우리 가족은 학생들과 그들의 부모님, 광부들 무리에 합류했고, 함께 기숙사에서 도시 중심부로 행진하며 시위를 벌였다. 그 과정에서 많은 시민들이 시위에 동참하면서 군중은 계속 늘어났다. 열여덟 살에서 스무 살밖에 안 되는 젊은 군인들은 망설이며 군중을 향해 총을 겨누면서도 혼란스러워했다. 그날의 가장 감동적인 순간은 함께 행진하던 수많은 노인들이 용감하게 다가가 군인들을 포옹했을 때였다. 노인들은 가슴을 총신에 댄 채로 말했다. "너희는 우리의 핏줄이고, 우리의 아이들이야. 우리는 지금 너희의 미래를 위해 싸우고 있는 거란다. 너희들의 가족도 군중 속 어딘가에 있겠지. 그들에게 총을 쏘지 말거라. 무기를 내려놓고 우리와 함께하자꾸나."

티라나의 중앙 광장에 도달했을 무렵 군중은 수천 명으로 불어났다. 정부가 배치한 군대는 거리를 봉쇄하고 사람들이 시위에 참여하지 못하도록 막았다. 거리가 막히자 시민들은 광장에 갇히고 말았다. 헬리콥터 몇 대가 상공을 날아다녔고, 저격수들이 건물 옥상에 자리를 잡았다. 사람들은 도로 포장용 돌을 파내고 건물 내부의 대리석 계단을 뜯어 총격에 대비했다. 군인들이 군중을 향해 발포했더라면 대학살이 벌어졌을 것이다. 하지만 유럽 최악의 독재정권 아래서 50년을 기다린 끝에 자유가 불과 몇 시간 앞으로 다가왔다는 것을 느낀 시위대는 포기하지 않았다.

그 긴박한 순간, 남동생이 우글거리는 군중 속으로 사라졌다. 아버지와 나는 어머니를 집으로 보내 동생을 기다리게 했다. 하지만 알고 보니 어머니는 헛수고를 한 셈이었다. 동생은 시위대 최전선에 자리를 잡고 있었다. 우리 주변에서 군중이 구호를 외쳤다. "우리에게 자유를! 알리아를 타도하라! 우리는 알바니아가 민주주의 국가가 되길 원한다. 우리는 알바니아가 다른 유럽 국가들처럼 되길 원한다." 그들의 외침은 끊이지 않았다.

경찰관과 군인이 몰려들었다. 사나운 저먼셰퍼드를 앞세운 긴 외투 차림의 치안부대도 들이닥쳤다. 하지만 시위대는 계속 구호를 외쳤다. 그리고 중앙 광장에 영원히 서 있을 것만 같았던 알바니아 최초의 공산주의 통치자 엔베르 호자Enver Hoxha의 거대한 동상을 끌어내리기 시작했다.

군인들은 사격 명령을 기다리며 행동을 취할 태세를 갖추었다. 하지만 무슨 이유인지 거대한 동상이 고꾸라지면서 그들의 무선 통신이 두절되었다. 시끄러운 소음 너머로 군인들이 서로에게 명령이 도대체 뭔지, 왜 갑자기 무전기가 꺼졌는지 물으며 외치는 소리가 들렸다. 나중에 돈 소문에 따르면, 장군들이 사태를 직접 해결할 작정으로 허락 없이 발포 명령을 내리는 것을 막기 위해 라미즈 알리아가 신호를 끊었다고 한다. 정말 놀랍게도 그날 알바니아에서는 아무런 학살도 일어나지 않고 시위와 공산주의가 모두 막을 내렸다. 나중에 집에 돌아온 동생의 손에는 엔베르 호자 동상 받침대에 있던 대리석 조각이 들려 있었다. 그 조각은 알바니아 민주주의가 태내에서 죽을 뻔한 날의 작은 상징이었다.

처음으로 학생 투쟁이 일어나고 알바니아가 마침내 공산주의에서 벗어날 때까지 몇 달간 분위기는 혹독하고 어수선했다. 나와 학우 한 명을 제외한 모든 티라나대학교 학생을 비롯해 수천 명의 사람들이 보호를 받기 위해 외국 대사관 담을 넘었다(그 기간 동안 17만 명에서 30만 명의 사람들이 알바니아를 떠난 것으로 추정된다. 탈출에 실패한 사람은 쿠바 대사관의 담을 뛰어넘은 두 명뿐이었다. 대사관 경비원들은 두 사람을 알바니아 당국에 넘겼다).

학우들이 떠나기로 결심한 그날 밤, 우리는 노을 지는 티라나 중앙 공원에 모여 작별 인사를 했다. 그때까지 우리는 사소한 모든 것을 함께 나누었다. 용돈과 점심 식사, 연필과 공책. 나는 학우들에게 학위를 마쳐야 한다고 말하며 그들이 떠나려는 걸 막으려 했다(아직 졸업까지 1년 반이 남아 있었다). 그들이 갈 곳은 우리가 직접 만든 안테나를 달아 텔레비전에서 몰래 본 미국 드라마 〈다이너스티Dynasty〉 시리즈와는 다르다고, 이제 공산주의 독재는 끝났으니 아무것도 두려워할 필요가 없다고 말했다. 그들은 도리어 나에게 함께 가자고 설득했다. 내가 모든 일에 너무 생각이 많다며 놀리기도 했다. 하지만 나는 이미 결정을 내린 참이었다. 부모님을 버릴 수는 없었다. 낯선 사람들에게 음식과 주거를 의존해야 하는 걸인이 되고 싶지도 않았다. 나는 영문 도서를

(비밀리에) 충분히 읽어 알고 있었다. 서구에서의 삶도 힘들다는 것을. 몇 시간 동안 이야기를 나눈 후, 학우들은 알바니아에 남기로 한 또 한 명의 친구와 나에게 부탁했다. 그들의 부모님에게 걱정하지 말라고 대신 전해달라고.

자정 무렵, 나는 친구들과 함께 독일과 프랑스 대사관에 가서 그들에게 행운을 빌어주었다. 그러고는 친구들이 담을 넘어 사라지는 모습을 지켜보았다. 그들은 이제 대사관이 부른 배나 비행기를 타고 떠날 것이었다.

매일 밤 티라나는 망명을 계획하는 젊은 사람들로 넘쳐났다. 그리고 전국 각지에서 올라와 어둠 속에서 미친 듯이 자식을 찾아 헤매는 부모들로 붐볐다. 부모들은 처음에는 시내 중심가에서, 그다음엔 대사관 도로변의 정원에서 아이들을 찾았다. 마치 도시 전체가 슬퍼하는 것 같았다. 서두르는 발걸음, 속삭이는 그림자, 울음소리와 흐느낌으로 가득했다.

어느 날 밤 집으로 가는 길에 마주친 한 남자가 기억난다. 그 남자는 조용히 흐느끼며 볼 한쪽에 베개를 받치고 있었다. 아들이 알바니아를 떠나고 싶어 했다는 소문을 듣고 그를 말리기 위해 네 시간을 달려 티라나까지 온 아버지였다. 아들의 기숙사로 갔더니 침대가 그대로 있었다고 했다. 남자는 나에게 아들의 생김새를 설명하며 그를 본 적이 있냐고 물었다. 모르는 사람이었다. 그는 베개 냄새를 맡더니 내게 베개를 보여주며 말했다. "이게 아들이 남긴 전부예요. 아들의 냄새가 나요."

2년 뒤 미국으로 떠날 때, 나는 동생이 준 대리석 받침대 조각을 챙겼다. 이전의 삶에서 누리지 못한 새로운 자유를 떠올리게 하는 물건. 아직도 그 조각을 간직하고 있다. 그건 단순한 기념물이 아니었다. 정통성에 맞설 필요와 지적인 용기에 대한 교훈이 담긴 그 조각은 지금도 여전히 나를 일깨운다. 메릴랜드대학교에서 대학원 과정을 밟는 동안 펜로즈의 논문이 던진 질문을 깊이 파고들면서 나는 마음속으로 그 가르침을 가장 먼저 떠올렸다.

새로운 연구 분야에 대해 더 많이 알게 될수록 우리우주의 거대한 질문에 관한 주류 입장의 타당성이 더 불확실하게 느껴졌다. 당연히 가장 거대한 질문은 우리우주가 어떻게 탄생했는지 그리고 그 전에는 무엇이 있었는지에 관한 것이었다. 당시 유행하던 답은 전혀 만족스럽지 않았다.

1997년에 메릴랜드대학교에서 석사 학위를 취득한 뒤 나는 위스콘신대학교 밀워키캠퍼스에서 박사 과정을 밟기 시작했다. 초기 우주의 양자적 측면을 중점적으로 연구하고 싶었다. 내가 그곳을 선택한 것은 미국 최고의 이론물리학 연구 그룹, 특히 양자물리학에 특화된 그룹이 있었기 때문이다. 나는 레너드 파커Leonard Parker와 함께 연구하고 싶었다. 파커는 세계적인 이론물리학자이자 '휘어진 시공간의 양자장론'*이라는 새로운 분야를 창시한 인물 중 한 명이다. 파커의 연구에 의하면 우주가 팽창하면서 곡률(우주의 모양)이 변하고 그에 따라 중력장도 변화하는데, 그 변화가 에너지로 전환되어 생긴 입자가 우주를 채우게 된다. 이 분야는 오늘날 매우 획기적인 과학 연구 분야로 손꼽힌다.

파커 교수는 내가 만난 사람 중 가장 친절하고 겸손한 사람이었다. 나를 새 학생으로 맞이해준 파커는 아내와 함께 나를 자식처럼 대해주었다. 건축가 프랭크 로이드 라이트**Frank Lloyd Wright**의 영향을 받은 아름다운 건축물이 있는 곳, 바람 잘 날 없고 폭설이 내리는 그 추운 도시에서 나는 3년간 대학원 시절을 보냈다. 하지만 밀워키의 물리학 연구 그룹과 그곳 사람들의 따뜻한 마음 덕분에 추위는 전혀 느끼지 못했다.

밀워키에서 공부하는 동안 나는 우주가 인플레이션으로 탄생할 확률이 0에 가깝다는 펜로즈의 주장에도 불구하고 인플레이션 이론이 '표준우주모형**Standard model of cosmology**'의

* 휘어진 시공간이라는 개념에서 3차원의 공간(길이, 너비, 높이)은 1차원의 시간과 통일되어 4차원의 시공간을 이룬다. 앞으로 설명하겠지만, 그 시공간의 모양은 휘어져 있으며 또한 아인슈타인의 상대성이론에 따라 중력장에 대응된다. 양자론은 3장에서 살펴볼 것이다.

중심을 이루고 있는 이유를 더욱 잘 이해하게 되었다. 실제로 내가 박사 논문에서 수행한 작업은 인플레이션 우주론 반대자들이 제기한 대안 이론을 조사하는 것이었다(앞서 살펴보았듯 인플레이션 우주론은 고에너지로 가득한 원시우주가 엄청난 폭발로 인해 우리우주와 같은 거대한 우주가 되었다는 이론이다). 그 반대자 명단에는 호킹과 펜로즈가 포함되어 있다. 우리우주 탄생의 대안 모형을 제시한 과학자들의 연구는 인플레이션을 면밀히 조사하는 데 굉장히 중요했다. 원시우주가 터널효과Tunneling effect*를 통해 중력장을 통과한다는 이론, 그리고 우리우주 같은 우주를 생성할 잠재력이 있는 상전이Phase transition 시나리오들이 그러한 대안 모형에 해당한다.**

인플레이션 우주론의 토대를 면밀히 검토할수록 나는 그 이론이 우주의 근본적 성질에 대해 가장 논리적이고 우아한 설명을 제공한다고 확신하게 되었다(물론 우리우주가 탄생할 가능성이 희박하다는 문제는 여전히 남아 있었지만 말이다). '빅뱅 이론'으로 통칭되는 다양한 모형과 아인슈타인

* 입자가 에너지 장벽을 통과하는 현상으로, 고전물리학이 설명하지 못하는 양자적 효과이다.— 옮긴이

** 원시우주의 상전이는 우리가 일상에서 익히 알고 있는 물질(고체, 액체, 기체, 플라스마)의 상전이와 비슷하다고 볼 수 있다. 물을 끓이면 액체에서 기체로, 물을 얼리면 액체에서 고체 얼음으로 변하는 것처럼, 원시우주도 작용되는 힘에 따라 한 상태에서 다른 상태로 변할지 모른다.

의 일반상대성이론과 같은 주요 이론들의 무결성을 인플레이션 우주론이 보존해주었기 때문이다. 인플레이션 우주론이 없었다면 그 이론들만으로는 태초의 순간에 존재했던 기묘한 조건에서 현재의 우주가 형성된 방식을 지금 우리가 이해하는 대로 설명하는 데 어려움을 겪었을 것이다.

인플레이션 우주론은 아인슈타인의 일반상대성이론을 통해 우주의 물질과 에너지를 우주의 곡률 및 팽창과 관련짓는다. 아인슈타인은 수학 거인들의 어깨 위에 올라 1915년에 그 이론을 만들었다.*** 그는 **일반상대성**이라는 명칭에 유감을 표했는데, 인간의 관찰과 무관하게 세계가 절대적으로 존재한다는 믿음과 모순되는 것처럼 들렸기 때문이다. 아인슈타인이 생각하기에 우주에서 일어나는 사건은 관찰자가 움직이는 방식이나 관찰자 본인에 따라 상대적이지 않은 것이 분명했다. 그는 실재가 객관적이어야 한다고 느꼈다.

*** 일반상대성이론을 고안할 때 아인슈타인은 베른하르트 리만Bernhard Riemann이 발견한 휘어진 시공간 기하학에 관한 기초 연구에 크게 의존했다. 공간과 시간이 동등하다는 아인슈타인의 가정은 독일의 헤르만 민코프스키Hermann Minkowski와 러시아의 니콜라이 로바쳅스키Nikolai Lobachevsky의 연구에 의거한 결과이다.

아인슈타인은 이론을 정합적으로 만들기 위해 두 가지 가정에 의존했다. 첫째, 빛의 속력은 우주의 모든 물체가 움직일 수 있는 속력의 절대적인 한계이다. 둘째, 아인슈타인은 3차원의 공간(높이, 너비, 길이)과 1차원의 시간을 하나의 실체, 즉 시공간으로 통일했다. 그는 우리우주가 4차원 시공간에 존재한다고 주장했다.

아인슈타인의 두 번째 가정은 중력이 본질적으로 공간의 모양으로 치환될 수 있다는 놀라운 통찰을 보여주었다. 아인슈타인이 일반상대성이론에서 그러한 '치환'을 달성한 방법은 매우 간단하다. 그에 따르면 우주에 존재하는 물질과 에너지는 시공간이 어떻게 휘어질지 알려주고, 휘어진 공간은 물체와 빛이 공간의 곡률에 따라 특정한 경로로 이동하게끔 한다. 아인슈타인의 이론은 모든 물질과 에너지가 물체에 가하는 중력을, 물체의 이동 경로가 결정되는 시공간의 곡률로 대체한다. 중력은 곧 곡률이다.

아인슈타인의 심오한 통찰은 쉽게 시각화할 수 있다. 완벽하게 평평한 해먹을 정원에 설치했다고 해보자. 여기서 해먹의 천이 바로 시공간에 해당한다. 만일 누군가가 해먹 위에 앉거나 눕는다면 아래로 움푹 들어갈 것이다. 다시 말해, 그 사람의 위치와 무게에 따라 해먹이 휘어질 것이다. 이 비유에서 사람은 '질량-에너지'의 양이다.* 사람의 질량과 크기는 해먹(시공간)의 모양이 어떻게 휘어질지 결정한다. 그러므로 아인슈타인의 격언처럼, "물질은 공간이 어떻게 휘어질지 말해준다". 중요한 것은 해먹의 모양, 즉 시공간의 곡률 역시 해먹에 얼마나 많은 질량-에너지가 있는지 알려준다는 점이다. 만일 당신이 해먹 아래에 앉아 있다면 당신은 그저 천의 곡률을 요리조리 따져보는 것만으로도 해먹에 있는 사람의 크기와 질량을 판단할 수 있다.

이제 해먹이 우주 전체의 시공간 곡률에 해당하고, 사람의 질량이 인플레이션 당시 우주에 존재했던 에너지에 해당한다고 해보자. 그러면 아인슈타인의 이론에 따라 인플레이션의 에너지는 우주가 얼마나 빨리 팽창할 수 있는지, 그리고 우주가 어떤 모양을 취하게 될지 결정한다. 이러한 방식으로 아인슈타인의 일반상대성이론은 인플레이션 우주론의 토대를 마련했다. 그리고 거기에 대해 인플레이션 우주론은 일반상대성이론을 사용하여 우리우주 태초의 순간에 존재했던 기묘한 상황을 설명하게 된다.

아인슈타인의 시대 이후로 과학자들은 우주의 모양과 그 안에 존재하는 모든 것을 정밀하게 측정했다. 그리고 이를

* 아인슈타인의 특수상대성이론에 따르면 질량과 에너지는 동등한 개념이다. 따라서 질량과 에너지를 함께 지칭할 때 질량-에너지로 묶어서 표현하기도 한다. — 옮긴이

통해 우주의 탄생부터 다양한 시기의 역사를 재구성했다. 아인슈타인의 방정식을 사용하면 우주의 모습과 과거 매 순간의 팽창 속도를 역으로 추적할 수 있다. 먼 과거의 우주는 탄생의 순간에 가까워질수록 매우 작아진다. 아쉽게도 그 지점에서 아인슈타인의 방정식은 무용지물이 되고 만다.

이것이 바로 상대성이론의 가장 큰 단점이다. 상대성이론은 에너지 밀도가 매우 높은 조건에서 유효성을 잃는다(블랙홀의 중심이나 우리우주가 탄생한 순간에 존재했던 에너지 밀도를 예로 들 수 있다). 실제로 아인슈타인의 방정식을 사용해서 인플레이션이 시작되기 직전 태초에 존재한 에너지의 함수 형태로 우주의 모양을 구하면 실망스러운 답이 나온다. 우주는 하나의 점에서, 즉 시공간의 천을 손가락으로 꼬집은 듯한 특이점에서 시작되었다는 것이다.

우리우주의 탄생 시점에서 아인슈타인의 방정식이 붕괴되는 현상을 호킹-펜로즈 특이점**Hawking-Penrose singularity**이라고 부른다. 특이점 정리를 만들어낸 두 상징적인 물리학자의 이름을 딴 명칭이다. 시간은 특이점에서 멈춘다. 그 시점보다 '이전'의 시간이란 없다. 그렇게 시계는 얼어붙는다. 공간도 멈춘다. 그 너머의 공간이란 없다. 호킹과 펜로즈에 따르면, 과학자들이 탄생의 순간을 탐구하는 것을 자연은 용납하지 않는다. 그 순간보다 오래된 과거는 말할 것도 없다. 왜냐하면 우리우주가 탄생하기 전에는 아무것도, 정말 아무것도 존재하지 않았기 때문이다.

과학자들이 우리우주 탄생 초기에 대한 아인슈타인 방정식의 해를 구하려고 할 때마다 마주쳤던 놀라움의 역사는 한 세기에 걸쳐 이어졌다. 러시아의 이론물리학자이자 수학자였던 알렉산드르 프리드만Alexander Friedmann은 1922년에 아인슈타인 방정식을 사용해 우리우주가 항상 일정한 정적인 우주가 아닌 팽창하는 우주임을 보여주었다. 그는 아인슈타인에게 편지로 계산 결과를 공유했지만 아인슈타인은 설득되지 않았다.

그로부터 5년 뒤, 벨기에의 천문학자이자 가톨릭 사제였던 조르주 르메트르Georges Lemaître는 작았던 상태에서 시작해 기하급수적으로 성장한 '폭발하는' 우주모형을 처음으로 제시했다. 은하들이 서로 멀어진다는 관측 자료를 바탕으로 르메트르는 우리우주가 '우주의 알Cosmic egg'에서 탄생했으리라 추측했다. 그의 결론은 2년 뒤 에드윈 허블Edwin Hubble의 관측으로 검증되었다(허블은 훗날 망원경에 붙은 이름으로 더욱 유명세를 누렸다). 허블은 우리은하 바깥의 은하들이 서로 끊임없이 멀어지고 있다는, 즉 '후퇴'하고 있다는 사실도 증명해냈다.

르메트르의 폭발하는 우주는 1940년대에 이르러 러시아 태생의 핵물리학자이자 대중과학서 저자로 유명한 조지 가모프George Gamow의 우주모형으로 발전했다. 가모프는 소련에서 망명한 후 콜로라도대학교 볼더캠퍼스에 정착했다(가모프의 박사 지도교수가 알렉산드르 프리드만이었던 것은 우연이 아니다). 르메트르와 프리드만과 마찬가지로, 가모프는 아인슈타인의 일반상대성이론을 사용해 우주에 존재하는 질량-에너지의 양을 우주의 곡률 및 팽창과 관련지었다. 그 결과가 바로 '뜨거운 빅뱅Hot Big Bang' 이론이다.

가모프의 우주 탄생 이론은 우아하며 이목을 사로잡는다. 아인슈타인 방정식을 바탕으로 가모프는 원시우주가 '뜨거운 복사의 원시 수프'로 가득 찬, 원자 크기의 작은 그릇이었다고 상상했다. 원시 수프는 폭발을 통해 우리우주를 탄생시켰고, 우주는 시간이 지나면서 크기가 점점 더 커졌다. 가모프는 뜨거운 빅뱅 시기에 남아 있던 복사가 우리 하늘에 존재할 것이라고 예측하기까지 했다.

가모프의 뜨거운 빅뱅 이론은 물리학에서 새로운 분야가 나타났음을 의미했다. 바로 우주론이다. 하지만 우주팽창을 설명하기 위해 뜨거운 복사에 의존한 가모프의 모형과 그 뒤를 이은 빅뱅 모형들은 모두 심각한 결점이 있었다. 우리우주의 세 가지 중요한 특징을 설명하는 데 실패했던 것이다. 그 특징들은 평탄성Flatness, 물질 분포의 균일성Uniformity, 온도의 균질성Homogeneity이다. 그러한 결점을 보완해준 것이 바로 인플레이션 우주론이다.

망원경 렌즈를 통해 하늘을 보면 망원경을 어디로 돌리든 물질과 빛의 분포가 동일하다. 하지만 이게 새로운 현상은 아니다. 우주의 역사 전체에 걸쳐 그러했기 때문이다. 나는 매 순간의 우주를 광선과 입자 물감이 무작위로 뿌려진 캔버스라고 상상하는 걸 좋아한다. 캔버스의 물감 얼룩과 빈 영역은 왼쪽과 오른쪽, 위쪽과 아래쪽 그리고 가운데 할 것 없이 모든 곳에 동일하게 분포해 있다.

가모프의 뜨거운 빅뱅 이론을 아무리 수정하더라도 우리가 하늘에서 관측하는 균일하고 균질한 우주를 만들어낼 수는 없었다. 이런 불일치가 생긴 가장 큰 이유는 가모프가 우주를 탄생시키기 위해 선택한 에너지의 유형 때문이었다. 뜨거운 복사로 가득 찬 원시우주는 크기가 매우 큰 오늘날의 우주가 될 만큼 빠르게 성장할 수 없었다. 가모프의 뜨거운 빅뱅 이론이 유효하려면 헬륨 원자쯤 되는 (비교적) 거대한 원시우주에서 빅뱅이 시작되었어야 한다.

초기 우주의 크기라는 난제는 수십 년 뒤에 인플레이션 우주론이 우아하게 해결해주었다. 우리우주가 탄생할 가능성이 희박하다는 펜로즈의 주장에도 불구하고 인플레이션 이론이 계속해서 우주론의 토대를 이루고 있는 이유 중 하나가 바로 이것이다.

가모프가 이론을 제안했을 당시, 문제는 가설상의 원시

우주가 너무 크다는 것이었다. 뜨거운 빅뱅 폭발이 일어난 찰나의 순간은 빛과 입자들이 헬륨 원자 크기의 우주를 가로지르기엔 충분치 않았다. 그렇다면 빛과 입자들은 우주에서 극히 짧은 거리만 이동했을 것이므로, 우주 전체에 걸쳐 결코 균일하게 분포하거나 빛의 온도가 균질해질 일도 없었을 것이다.

다음과 같은 시나리오를 상상해보자. 원시우주의 크기가 약 980만 제곱킬로미터로 미국과 비슷하다고 가정하자. 이 우주에서 최대 이동 속력은 시속 16킬로미터이며 뜨거운 빅뱅은 한 시간 동안 지속된다. 그렇다면 그 한 시간 동안 빛과 입자들은 원래 있던 곳에서 오직 16킬로미터 안쪽에 있는 빛과 입자들에만 닿을 수 있다. 16킬로미터를 넘어선 곳은 전부 도달 범위 밖이다. 그러므로 이 시나리오에 따르면, 뉴욕과 캘리포니아는 서로 어떠한 정보도 교환할 수 없으며 서로의 존재도 알지 못한다. 이제 미국 내 수백만 곳의 지역은 완전히 분리되어 서로 독립적으로 발전할 것이다. 결과적으로, 이 시나리오에 따른 하늘을 올려다보면 하나의 거대한 균일한 우주가 아니라 별과 행성의 분포가 완전히 다른 수많은 독립적인 모자이크가 보일 것이다. 뜨거운 빅뱅이 일어난 원시우주의 수많은 분리된 지역은 서로 완전히 독립적이며 온도 또한 완전히 다를 것이다. 그런 우주가 마침내 현재에 이르면 하늘은 각기 다르게 분포된 온도와 물질로 누벼 이은 천이 될 것이다. 말 그대로 수조 개의 하늘이 하나로 합쳐진 셈이다. 하지만 우리우주는 그렇지 않다. 우리가 볼 수 있는 모든 것은 균일하고 균질하게 분포되어 있다.

세월이 지나 밝혀졌듯이, 가모프의 뜨거운 빅뱅 이론에 필요한 초기 우주의 크기는 우주 탄생 모형에 관한 문제의 일부에 지나지 않았다. 다음 장에서 설명할 이유로 인해, 1960년대의 과학자들은 우리우주의 공간 모양이 평탄하다는 사실을 알게 되었다. 이 발견은 우리가 먼 거리의 별을 바라볼 때마다 과거를 보고 있다는 사실, 즉 별이 빛을 방출한 순간을 보고 있다는 사실(그 순간은 수십억 년 전이었을지도 모른다)과 기초 기하학에 근거를 두고 있다.

우리우주처럼 3차원인 공간이 어떻게 평탄할 수 있는지 이해하기 위해 다음과 같이 간단한 사고실험을 해보자. 밝은 별 세 개를 골라 하늘에서 상상의 삼각형을 그려보자(이 삼각형은 사실 3차원이다. 왜냐하면 하늘은 지상에서 보면 2차원으로 보일지 몰라도 사실은 그렇지 않기 때문이다. 각각의 별은 단순히 공간이 아니라 시공간에 위치해 있다. 따라서 별빛이란 시간과 공간이 놀랍도록 복잡하게 겹친 결과이다. 바로 그것을 우리가 하늘에서 반짝이는 빛으로 보게 된다). 이제 그 삼각형의 각을 생각해보자. 만일 우리우주의 공간이 공처럼 휘어져 있다면, 세 각을 모두 더했을 때 180도가 넘을 것이다. 〈그림 1〉

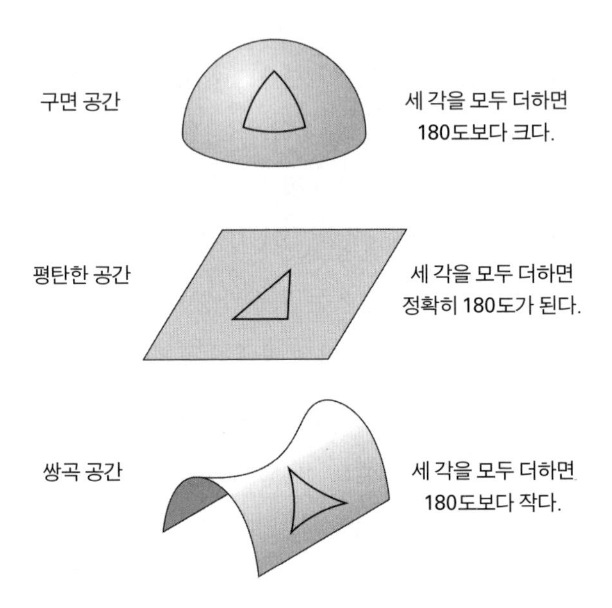

그림 1. 공간이 닫힌 우주, 평탄한 우주, 열린 우주(위에서부터 아래 순서대로).

의 첫 번째 그림을 보면 알 수 있다. 이것은 '닫힌' 우주의 한 사례이다. 만일 우리우주의 공간이 말안장처럼 휘어져 있다면 '열린' 우주에 해당한다. 〈그림 1〉의 마지막 그림에서 알 수 있듯이 열린 공간에 그려진 삼각형의 세 각은 모두 더했을 때 180도보다 작다. 하지만 우리우주는 열린 우주도, 닫힌 우주도 아니다. 우리는 공간이 평탄한(곡률이 0인) 우주에 살고 있다. 마찬가지로 〈그림 1〉의 두 번째 그림에서 알 수 있듯이 평탄한 우주의 하늘에 그려진 삼각형의 세 각은 모두 더했을 때 정확히 180도가 된다.

우리우주가 평탄하다는 깨달음은 가모프의 우아한 탄생 이론에 까다로운 문제를 제기했다. 만일 우주가 뜨거운 빅뱅으로 시작되었다면, 거기서부터 출발해 아인슈타인 방정식을 통해 평탄한 우주까지 도달하기가 곤란해진다. 왜냐하면 기본 물리학에서 자연스럽게 도출되지 않는, 근거 없는 복잡한 요소와 부자연스러운 장치가 필요하기 때문이다. 그렇게 모형을 만든다고 한들 그럴듯하지도 매력이 있지도 않을 것이다. 그 중요성을 고려하면 빅뱅 모형이 우리우주의 세 가지 특징(평탄성, 균질성, 균일성)을 설명하지 못한다는 것은 큰 문제였다. 뜨거운 빅뱅 이론이 틀렸던 걸까? 가모프의 이론은 붕괴되는 듯했지만, 갑자기 새로운 이론이 나타나 그의 이론을 구제해주었다.

1970년대와 1980년대 초에 두 명의 젊은 과학자가 가모프의 뜨거운 빅뱅 이론을 괴롭히던 문제를 해결하기 위해 기발한 아이디어를 떠올렸다. 그 두 사람은 코넬대학교의 박사후 연구원 앨런 구스Alan Guth와 철의 장막 뒤편 모스크바에서 연구하던 안드레이 린데Andrei Linde였다. 그들의 해법은 '급팽창하는 우주Inflationary universe' 또는 '인플레이션 우주론'으로 불리며, 20세기 물리학의 걸작으로 평가된다.

구스와 린데의 인플레이션 우주론은 기존의 뜨거운 빅뱅 문제를 간단하게 해결한다. 가모프가 폭발을 통해 우주를 탄생시킨 원인으로 지목한 뜨거운 복사의 원시 수프를 뜨거운 에너지의 수프로 대체하는 것이다. 자세히 말해서 구스와 린데는 빅뱅의 순간에 천천히 구르던 원시 입자, 즉 '인플라톤Inflaton'의 존재를 가정했다.* 천천히 구르는 인플라톤에서 나온 뜨거운 에너지 수프로 애초부터 우주가 채워져 있었다고 생각하면 모든 문제가 사라지는 듯했다.**

구스와 린데의 인플레이션 우주론에서 핵심은 우주 팽창을 일으키는 인플라톤 에너지의 성질이다. 이 특별한 에너지는 '진공 에너지Vacuum energy'라고 불리기도 한다. 뜨거운 빅뱅 모형이 맞닥뜨린 문제에 대한 구스와 린데의 해결책은 진공 에너지의 중요한 특성인 음의 압력Negative pressure에 의존한다. 음의 압력이란 일종의 '밀어내는 중력'으로, 물질들을 서로 멀리 떨어트린다(즉, 급팽창시킨다). 그러므로 진공 에너지로 가득 찬 원시우주는 기존의 빅뱅 모형에

* 인플라톤이 천천히 굴러가는 것은, 골프채에 맞고 모래사장에 떨어진 골프공이 거의 동일한 에너지를 유지하며 매우 천천히 굴러가는 상황과 비슷하다.

** 그렇다고 해서 인플라톤이라는 '물체'가 실제 물리적 공간에서 데굴데굴 구르고 있었다는 말은 아니다. 천천히 구른다는 건 인플라톤이 한동안 높은 에너지를 유지한다는 일종의 비유이다. 인플라톤은 인플레이션을 일으킬 만큼 충분히 높은 에너지를 유지하다가(천천히 구르다가) 순식간에 낮은 에너지로 떨어진다(아래로 굴러떨어진다). 110쪽, 〈그림 6〉의 두 번째 그림을 보면 이해하는 데 도움이 된다.— 옮긴이

서 가정했듯이 일반적인 복사로 가득한 우주보다 훨씬 더 빨리 몸집을 키운다.

실제로 인플레이션 우주론에 따르면, 원시우주는 매우 빠르게 성장해서 정확히 10^{-45}초 만에 원래 우주의 크기보다 약 10^{20}배만큼 커진다. 즉, 원래 크기에서 1 뒤에 0이 스무 개 붙은 수를 곱한 만큼 커진다. 이 규모를 가늠하기 위해 막의 두께가 수 나노미터밖에 안 되는 비눗방울을 상상해보자. 그다음 지구부터 태양까지의 거리(대략 1억 4600만 킬로미터)를 떠올려보자. 인플레이션을 통하면, 찰나의 순간에 비눗방울의 막이 지구에서 태양까지의 거리만큼 팽창한다.

따라서 수십억 년 뒤 현재 관측되는 크기의 우주로 진화하려면 원시우주의 크기가 미국만해야 했던 기존의 빅뱅 모형과 달리, 인플레이션 우주는 맨해튼 정도의 크기만 되어도 똑같이 팽창할 수 있다. 우주가 매우 빠르게 팽창해서 순식간에 맨해튼이 미국 전체만큼 커지는 것이다.

빛이든 입자든, 원시우주에 존재하는 모든 것의 파동은 우주가 급속도로 팽창하면서 함께 늘어난다.*** 그 인플

*** 입자의 크기 자체가 커진다는 말은 아니다. 양자역학에 따르면 모든 물질 입자는 어떤 면에서 파동으로 볼 수도 있는데, 그 파동이 인플레이션과 함께 늘어난다는 뜻이다. 더 자세한 내용은 3장과 4장에서 설명된다.—옮긴이

레이션 기간 동안 우주의 구성요소들은 우주의 전 공간에서 상호작용을 유지하며 온도를 계속 동등하게 만들고 우주 전역에 균일하게 퍼져나간다. 입자들이 우주의 전 공간에서 상호작용을 유지할 수 있다는 것은 원인과 결과의 연쇄, 즉 자연의 신성한 원리인 인과관계Casuality가 보존됨을 의미한다.

인플레이션 우주론은 평탄성 문제도 해결한다. 우주가 원시우주일 때의 크기를 넘어 수조 배로 급팽창하면서 평탄하게 늘어났기 때문이다.

결과적으로 뜨거운 빅뱅 모형과 달리 인플레이션 우주론은 평탄성, 균질성, 균일성을 모두 매우 자연스러운 방식으로 설명해냈다. 구스와 린데의 인플레이션 우주론은 20세기에 등장한 새로운 물리학 분야인 양자역학에 크게 의존했는데, 이에 대해서는 다음 장에서 자세히 설명하려고 한다. 인플레이션 우주론에서 가정한 인플라톤과 태초에 존재했던 극도로 작은 우주는 모두 본질적으로 양자적이다. 우주를 촉발한 인플레이션의 양자 에너지(인플라톤) 역시 엔트로피가 극도로 낮으며, 따라서 (펜로즈가 지적했던 것처럼) 볼츠만의 공식에 따라 존재할 확률이 매우 낮다. 그렇다면 구스와 린데가 우주 탄생의 순간에 존재했다고 선언한 바로 그 조건이 우주의 탄생 가능성을 놀랍도록 낮춰버린 셈이다.

인플레이션 에너지의 엔트로피는 매우 낮을 수밖에 없다는 사실과 인플레이션 에너지 사이의 관계가 분명해지면서 나의 마음속에는 새로운 그림이 떠올랐다.

인플레이션 우주론은 놀랍고 훌륭하다. 지금까지 알려진 우주의 기원 중에서 가장 훌륭한 이야기를 제공한다는 건 의심할 여지가 없다. 인플레이션 이론은 우리우주의 근본적인 성질을 가장 자연스럽고 논리적으로 설명한다. 천체물리학적 관측은 그 이론의 예측과 절묘하게 맞아떨어진다. 잘 맞는 이론인 것이다.

하지만 나는 인플레이션 우주론이 정확하긴 해도 불완전한 이론이라고 생각했다. 그 이론은 우리에게 놀랍도록 부자연스러운 가정을 받아들일 것을 요구한다. 아인슈타인의 중력 이론이 붕괴하지 않을 때까지 크기를 최대한 줄인 매끄러운 공간 속에(최대한 줄인 공간의 규모를 '플랑크 길이 Planck length'라고 한다) 완벽한 인플라톤과 완벽한 에너지 수프가 존재했으며, 그런 특별한 방식으로 우주가 시작되었다는 가정이다. 따라서 인플레이션 우주론은 한 가지 가정(우주 탄생의 첫 순간에 인플라톤 에너지가 존재했다는 것)에 근거해서 작은 우주가 어떻게 현재 상태로 진화했는지를 완벽하게 설명하지만, 이 이야기는 그 전체가 하나의 수수께끼에 달려 있다. 인플라톤이 인플레이션을 촉발한 에너지는 과연 어디에서 왔을까?

그때 나는 아직 정보를 차근차근 수집하는 대학원생에 지나지 않았다. 그래도 나의 눈앞에는 점점 더 흥미로운 수수께끼가 펼쳐지고 있었다. 거부하기 어려운 매혹적인 수수께끼가.

3장

양자도약

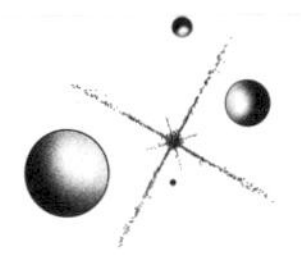

나는 사회적으로 저돌적인 사람은 아니었지만, 학문적으로는 그런 편이라고 볼 수 있다. 미국에 도착하기 훨씬 전부터 내가 만난 스승들이 나름대로 나의 그런 자질을 북돋아주셔서 참 다행이었다.

티라나대학교에서 실력이 최고였을 뿐더러 가장 무서웠던 수학 교수님은 바르둘라Bardulla 교수님이었다. 교수님의 가족들은 알바니아 정부 때문에 목숨을 잃었다고 들었다. 교수님은 성격이 거칠고 성급했으며 웃는 법이 없었다. 늘 담배 자국으로 뒤덮인 낡은 정장 차림이었고, 강의 중에도 거의 항상 취해 있었다. 술병을 들고 수업에 참석한 적도 많다. 하지만 술에 취했을 때조차 다른 동료들보다 예리하고 두뇌 회전도 빨랐다. 무척 오래전 일이지만 나는 여전히 기억한다. 언제나 충혈돼 있던 그의 두 눈에서 총명한 지성과 억눌린 고통이 뒤섞여 반짝이던 것을.

바르둘라 교수님 수업의 기말 시험에서 다른 학생들보다 일찍 답안지 제출을 끝냈을 때였다. 자리에서 일어나 나가려 하자 교수님은 나를 보고 짜증난다는 듯 눈썹을 찌푸리더니 조용히 물으셨다. "지금 뭐 하는 건가?" 나는 교수님이 가르쳐주신 것과 다른 해법을 시도했으며 그 지름길을 선택하면 시간이 덜 걸린다고 말했다. 교수님은 나의 시험지를 들고 한 줄씩 읽어 내려갔다.

교수님이 시험지를 넘기며 얼굴을 찡그리는 모습을 보니 심장이 쿵쾅거렸다. 마지막 장까지 읽은 교수님은 시험지를 내려놓고 아무 말도 하지 않으셨다. 그저 바닥만 내려다볼 뿐이었다. 나는 야단맞길 기다리며 마음의 준비를 했다. 교수님은 엄한 표정으로 날 바라보며 말했다. "충고 한마디 하겠네. 평생 기억해두는 게 좋을 거야. 이런 짓은 절대 하지 말게. 시험에서 새로운 방법이나 새로운 해법을 시도하면 안 돼. 너무 위험하거든. 계산이 틀리면 그냥 떨어지는 거야. 알아듣겠나? 이미 알려진 해법을 사용하면 적어도 부분적인 점수를 받을 수는 있지."

나는 죽어가는 목소리로 물었다. "제 답이 틀렸나요?"

"아니, 답은 맞았네. 마음에 드는군."

마음에 드는군. 이 두 도막의 말이 내가 지적 위험을 감수하는 길을 떠날 수 있도록 용기를 주었다(미래를 예측할 수는 없었지만 내가 수학의 매력에 굴복한 건 매우 기쁜 일이었다. 수학적으로 복잡한 물리학 문제에 맞닥뜨려도 주눅 들지 않는 자신감을 얻었으니까). 티라나의 물리학, 수학 교수님들이 학생들을 자랑스러워하고 호기심을 최대한 충족해주신 것도 도움이 되었다. 그건 절대 유별난 태도가 아니었다. 알바니아의 공산주의 체제에서 지식은 숨 막히는 정권에 흔들리지 않고 저항하는 방법이었기 때문이다. 오락거리나 그 밖의 방해 요소가 없었기에 알바니아의 지식인 사회는 지식을 매우 존중하고 그것에 목말라했다.

알바니아의 철권통치는 여러모로 지적 사상을 더욱 매력적으로 만들었지, 덜하게 만들진 않았다. 예를 들어 서양 문헌을 금지한다고 해서 그게 덜 흥미로워지진 않았다. 오히려 정반대의 효과를 낳았다. 서양 문헌을 향한 호기심과 독서열과 학습 욕구를 불러일으켰으니까. 다양한 직업에 종사하는 고도로 숙련된 사람들은 지루함과 검열을 피할 은밀한 방법을 찾았다. 그들 중 일부는 정기적으로 모여 커피를 마시며 각자의 분야에서 발전시킨 내용과 새로운 발견을 함께 나누었다. 부모님이 주로 만난 친구들은 의사와 과학자부터 작가와 작곡가, 예술가까지 다양했다. 나는 그들의 대화를 듣는 게 좋았다. 그 대화 덕분에 시야를 넓히고 다른 분야를 향한 존중과 관심을 키울 수 있었다.

나는 흥미를 끄는 질문이 생기면 그 밖의 모든 것을 뒤로하고 그 질문만 파고드는 습관이 있다. 아마도 알바니아 정권에서 느낀 박탈감과 가정교육이 합쳐진 결과인 듯하다. 원인이 무엇이든 간에 그 습관은 내 연구의 특징이 되었다. 동시에 그 습관은 내가 선택한 분야의 선구자들이 주류로 여긴 이론과는 다른 방향으로 나의 연구를 몰아갔다.

과학자들은 사물이 작동하는 방식을 이해하고, 세계의 작동을 설명하는 자연의 원리와 법칙을 확립하기 위해 물리학을 연구한다. 실제로 눈에 보이는 거시적인 세계를 설명하는 고전물리학은 결과를 100퍼센트 확실하게 예측한다. 물리학의 용어를 빌려 말하자면, 고전물리학은 결정론적 세계를 서술한다.

하지만 20세기에 접어들면서 미시적인 영역의 특정 현상들이 고전물리학 법칙으로 설명되지 않는다는 것이 분명해졌다. 미시 영역에서는 또 다른 원리가 작동하고 있었다. 그 원리의 주된 특징은 결정론이 아니라 곤혹스러운 불확정성이었다. 수십 년에 걸쳐 불확정성을 다루기 위해 온전한 물리학의 한 분야가 생겨났다. 그것이 바로 양자론이다. 양자론의 수학 법칙과 연산은 양자역학으로 서술되었다. 밀워키에서 박사 과정 연구에 더욱 깊이 파고들수록 나는 우주의 기원에 관한 해답이 양자역학의 영역 어딘가에 숨어 있을지도 모른다고 생각하게 되었다.

앞서 말했던 것처럼 내 인생의 궤도는 나의 통제를 벗어난 사건들로 인해 뒤바뀌었다. 나를 현재로 이끈 사건들이 하나라도 달랐더라면 내 인생은 다른 길로 향했을 것이다.

학생들에게 양자론을 가르칠 때마다 내 인생이 양자적 실체와 닮았다는 생각을 하곤 한다. 양자적 실체는 우연과 사건의 집합체이며, 그것들이 각기 다른 결과를 낳았다면 나는 완전히 다른 길을 걸었을 것이다. 베를린 장벽이 무너지지 않았더라면 나는 독재 정권에서 살게 되었을 것이다. 친구들의 압박에 못 이겨 함께 대사관 담을 뛰어넘었더라면 나는 지금 우주를 연구하고 있지 않을 것이고, 아마도 유럽 어딘가에 살면서 대학교를 졸업하지도 못했을 것이다. 풀브라이트 장학금에 지원하지 않았더라면 나는 알바니아를 결코 떠나지 못했을 것이다. 미국에 도착한 지 10년이 조금 넘었을 무렵, 박사 학위 논문을 마치고 4년이 지났을 때 노스캐롤라이나대학교 채플힐캠퍼스에 조교수로 임용되지 않았더라면 지금 나는 다른 주나 다른 나라에서 살고 있을 가능성이 높다. 우주의 탄생을 향한 호기심을 따르지 않고 좀 더 '실용적인' 연구과제를 선택했더라면, 우주에 관한 나의 지식은 커피나 칵테일을 마시며 초기 우주론에 관한 이론을 늘어놓는 데 그쳤을 것이다. 이러한 사건들 중 하나라도 다르게 흘러갔다면 나의 인생도 달라졌을 것이다. 이것이 바로 우리우주가 탄생한 양자세계의 본질이다.

나와 같은 개인의 수준에서 선택지와 불확정성이 존재한다는 사실은 분명하다. 이와 마찬가지로 과학 역사상 가장 심오한 이론인 양자론의 발견들 또한 놀랄 만큼 다층적이고 헤아리기 불가능할 정도로 많은 불확정성의 관점에서 모든 세계를 서술한다. 양자론은 위대한 과학자들을 이성의 한계까지 몰아간 놀라운 관념이다. 한 가지 예를 들어보겠다. 양자세계에선 하나의 물체가 입자와 파동이라는 서로 다른 두 상태로 존재할 수 있으며, 두 상태 사이를 끊임없이 오갈 수도 있다. 더 나아가 양자세계 전체는 확률에 기반한다. 즉, 같은 질문에 다른 결과가 나올 수 있는 가능성에 토대를 두고 있다. 이러한 양자세계의 특성들은 우리의 이성에 반하지만, 물리학자들이 보기엔 중력이나 계절 변화와 같은 과학적 사실이다.

양자론의 발견은 대부분 20세기에 이루어졌다. 21세기에 들어서서 양자 원리는 우주의 처음과 마지막 순간에 대한 획기적인 논의의 근간을 이루고 있다. 19세기 말에 다수의 과학자들이 원자의 존재조차 믿지 않았다는 점을 떠올리면 이 급격한 사고의 혁명은 더욱 놀랍다.

양자론의 놀라운 부상은 우리우주의 극도로 작았던 탄생 시기 이야기를 비롯해 우주에서 가장 작은 규모에 관한 후속 연구의 토대를 마련했다. 바로 이것이 우리의 논의에서 가장 중요한 점이다. 이 물리학 분야가 어떻게 시작되었고 어떤 의미를 지니고 있는지 이해하는 것은 우주의 기원이라는 수수께끼가 풀린 과정을 살펴볼 때 핵심적인 부분이다.

양자역학을 탄생시킨 공로는 대부분 독일의 과학자 막스 플랑크Max Planck에게 돌아간다. 아버지와 내가 한밤중 라디오 방송에서 바흐의 음악을 들으며 즐거워했던 것처럼, 플랑크 또한 음악 애호가였다. 하지만 그는 결국 음악이 아닌 물리학을 추구했다. 심지어 당시 새롭게 발견될 것은 거의 없다는 말을 들었는데도 그렇게 했다. 19세기 말, 플랑크 본인은 물론이고 그 누구도 알지 못했을 것이다. 그가 양자역학이라는 새로운 이론으로 고전물리학을 위협하는 파괴자이자 물리학의 벨 에포크인 새로운 세기를 여는 혁명가가 될 줄은.

고전물리학은 결정론적 세계를 서술한다. 하지만 플랑크의 시대에는 미시 영역의 특정 현상이 고전물리학의 법칙으로 설명되지 않는다는 사실이 분명해졌다. 그 영역에서는 또 다른 원리, 즉 양자론의 원리가 작동했다.

보수적인 사고방식과 과학자의 정직함으로 유명한 플랑크는 고전물리학의 강력한 옹호자로서 경력을 시작했다. 후배 아인슈타인과 마찬가지로 그는 제임스 클러크 맥스웰James Clerk Maxwell의 고전 전자기학을 칭송했다. 전기학과 자기학을 통일한 고전 전자기학은 19세기의 위대한 혁신적 발견으로 여겨진다. 맥스웰의 이론은 전기장과 자기장이 물결치며 만들어내는 연속적인 에너지 흐름(스펙트럼)을 설명한다. 이 복사 에너지는 '광파(빛의 파동)'라

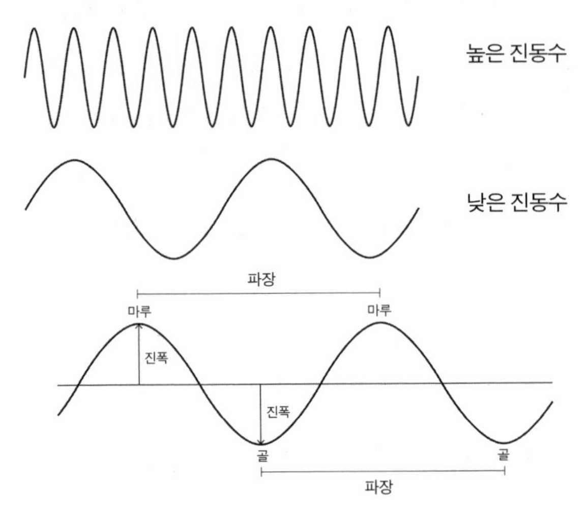

그림 2. 파동을 결정하는 특성으로는 진폭, 진동수, 파장이 있다.

는 용어와 번갈아 쓰인다. 광파는 플랑크가 양자론으로 '전향'했던 핵심 이유였다. 아인슈타인의 경우도 마찬가지였다.

광파는 다른 모든 유형의 파동과 공통된 성질을 가진다(〈그림 2〉). 파동을 이루는 것이 빛이든 소리든 바닷물이든, 파동에는 세 가지 공통된 특징이 있다. 먼저 한 마루에서 다음 마루까지의 거리를 '파장'이라 한다. 그리고 정해진 한 지점을 매초 얼마나 많은 파장(또는 마루)이 통과하는지가 '진동수'이다. 마지막으로 마루의 높이로 결정되는 '진폭'은 파동의 세기를 뜻한다. 한편 맥스웰의 전자기파는 매질★이 필요한 파동들과 달리 텅 빈 시공간, 즉 진공 속을 나아간다. 전자기파는 이동하는 동안 한 형태를 다른 형태로 바꿈으로써, 즉 주기적으로 전기장을 자기장으로 바꾸고 그 반대로도 반복함으로써 스스로를 유지한다(진공에서 전파될 수 있는 또 다른 파동은 중력파밖에 없다. 플랑크의 시대에는 아직 발견되지 않았다).

플랑크와 아인슈타인은 맥스웰의 업적을 너무도 존경한 나머지 처음에는 양자론에 저항했다. 본인들이 확립에 기여한 이론이었는데도 말이다. 그러나 그들은 과거와 현재를 막론하고 위대한 과학자들이 보여준 특징을 갖고 있었다. 사고의 세부 내용을 무자비하고 끈질기게 조사하는 회의주의를 통해 급진적이고 획기적인 생각을 발전시키는 용기였다. 훌륭한 과학자란 이처럼 반역자이자 보수주의자이며, 창조자와 감시자의 역할을 동시에 수행한다.

플랑크는 볼츠만의 원자론과 엔트로피-확률 이론의 영향으로 마침내 고전물리학과 결별하게 되었다.★★ 10년 동안 반대하던 볼츠만의 이론을 끝내 받아들였던 것이다. 1900년 10월에 빛이 '이중인격'을 가졌다고 선언했을 때, 플랑크의 나이는 마흔둘이었다. 빛은 맥스웰의 생각대로 복

★ 파동을 이동시키고 그 현상을 유지하는 물질.

★★ 볼츠만은 원자와 분자의 존재를 가정함으로써 열역학 체계를 구축하려 했다. 그의 이론을 '원자론'이라고 부른다.— 옮긴이

사 파동일 뿐만 아니라 '광자Photon'라는 입자의 모임이기도 했다(광자는 아인슈타인이 '빛'을 뜻하는 그리스어 '포스φῶς'에서 착안해 지은 이름이다). 이 통찰은 물리학을 근본부터 뒤흔들었으며, 가장 변혁적인 우주론 연구의 길을 닦아놓았다.

플랑크는 빛이 불연속적인 양자Quantum*의 집합이라는 가설을 발표했다.**

플랑크의 에너지 양자 집합은 양자입자(양자 성질을 띤 입자)를 최초로 서술한 것이었다. 그의 통찰 덕분에 자연계의 DNA에 존재하는 새로운 구성요소가 드러났다. 바로 양자역학의 파동-입자 이중성Wave-particle duality이다. 머지않아 플랑크의 양자 개념은 새로운 물리학 분야의 기초가 되었고, 우주의 기원에 관한 수많은 새로운 이론과 발견의 토대를 이뤘다.

플랑크는 또한 맥스웰의 연속적인 파동 스펙트럼을 계단처럼 불연속적인(양자화된) 에너지 준위Level의 집합으로 대체했다. 플랑크에 따르면 광파의 에너지는 한 값에서 다른 값으로 연속적으로 변화하지 않고, 대신 한 준위에서

* 에너지와 같은 물리량의 값이 연속적이지 않고 특정 최소 단위의 정수배로 이루어져 있을 때, 그 최소 단위의 양. — 옮긴이

** 진동수가 ν("뉴"라고 발음한다)인 양자 또는 광자는 단위 에너지 $E=h\nu$를 나른다. 플랑크의 표현을 빌리자면 h는 자연계의 보편 상수인 수치 인자Numerical factor로, 그가 직접 도입했다. 오늘날에는 플랑크 상수라고 부른다.

다음 준위로 불연속적으로 도약한다. 각각의 도약은 한 번에 한 양자씩 이루어진다.

플랑크의 양자화된 스펙트럼을 마음속에 그려보기 위해, 당신이 광파이고 에너지 준위는 건물의 층이라고 생각해보자. 이제 당신이 두 번째 층(높은 에너지)에서 첫 번째 층(낮은 에너지)으로 내려간다고 상상해보라. 엘리베이터를 탈 수도 있고 계단으로 내려갈 수도 있다. 엘리베이터를 타면 높이가 부드럽게 조금씩 낮아질 것이고, 계단을 이용하면 높이가 정해진 불연속적인 층계를 한 번에 한 걸음씩 내려갈 것이다. 반걸음이나 4분의 1 걸음을 내려갈 수는 없다. 고꾸라지고 싶지 않다면 정확히 한 걸음씩, 즉 한 양자씩 내려가야 한다. 맥스웰이 설계한 건물에는 계단이 없다. 반대로 플랑크가 설계한 건물에는 엘리베이터가 없다.

플랑크의 공헌은 용감하고 중요했다. 새로운 자연 이론이 될 양자론의 토대에 첫 번째 벽돌을 놓은 셈이었다. 우주의 기원을 해독하려는 나의 연구에도 결정적인 영향을 미쳤다. 왜냐하면 플랑크의 연구는 태초에 우리우주가 물체일 뿐 아니라 파동이기도 했음을 알려주었기 때문이다.

양자역학의 다음 발전 단계는 빛을 제외한 다른 존재에서도 파동-입자 이중성이 발견된다는 사실을 증명한 것이다. 이와 관련해서는 두 가지 중대한 공헌이 특히 두드러진다. 덴마크의 물리학자 닐스 보어Niels Bohr는 확실하게 정해진 궤도를 따라 전자 입자가 원자핵 주변을 도는 원자모형을 고안했다. 한편 프랑스의 물리학자 루이 드브로이Louis de Broglie는 전자가 입자뿐 아니라 파동처럼 행동할 수 있다는 가설을 세웠다.

드브로이의 개념적 도약 덕분에 우리는 우주의 모든 입자와 빛을 본질적으로 파동인 동시에 입자로 볼 수 있게 되었다. 당신과 나를 비롯한 모든 입자들도 마찬가지다. 여기에는 우주 전체도 포함된다! 우리는 별의 먼지이며 또한 별의 빛이다. 우리는 모두 파동이다!

이제 나는 물질과 빛의 파동-입자 이중성이 가진 심오한 함의를 가볍게 풀어보려 한다. 우주의 이 보편적 속성은 곧바로 몇 가지 간단한 질문을 불러일으킨다. 만약 당신과 내가 파동이라면, 왜 우리가 길을 걸을 때 우리를 뒤따르는 파동이 보이지 않는 걸까? 왜 우리는 별처럼 빛나지 않는 걸까? 만약 누군가의 이중적 자아, 말하자면 '양자적 그림자'가 파동일 수 있다면, 왜 사람은 빛과 소리의 파동처럼 유리와 벽을 통과하지 못하는 걸까?

마지막 질문을 집에서 시험해볼 생각이었다면 그러지 않는 게 좋겠다(나도 정신이 팔린 순간 무심코 해본 적이 있다). 왜 그래서는 안 되는지 과학적인 이유를 제시해보겠다. 당신의 파장은 유리나 벽을 통과하기엔 너무 짧다. 보통 속력으로 걷는 평균 체중의 사람은 10^{-36}미터의 파장을 가진다(이 수치는 1 뒤에 0이 서른여섯 개 붙은 수로 1을 나눈 값이다). 이 파장은 관찰할 수 없을 정도로 매우 짧으며, 뚫고 지나가려 하는 그 어떤 벽의 두께보다 작다. 따라서 벽을 통과하는 것은 우리와는 무관한 경험이다. 사람보다 큰 물체(행성, 별, 은하)는 심지어 파장이 더 짧으므로 파동의 성질을 무시해도 지장이 없다. 요컨대 크고 무거운 물체는 파장이 매우 짧고, 반대로 작고 가벼운 물체는 파장이 길다. 결과적으로 거시적인 물체의 영역을 지배하는 고전물리학에서 물체는 그냥 물체일 뿐이고 파동은 그냥 파동일 뿐이다. 그리고 어떤 존재도 파동이면서 물체일 수는 없다.

밀워키에서 박사 학위 논문을 심사받기 전날 밤, 나는 인간이 파동으로 쉽게 바뀌지 않는다는 교훈을 얻었다. 물리학자들은 자주 머릿속에서 길을 잃는데, 그날 저녁 나도 그랬다. 나는 카페가 있는 동네 서점에 가서 몇 시간이고 앉아 공식과 설명을 점검했다. 마침내 기진맥진한 채로 서점을 나왔지만 걸으면서도 여전히 생각에 잠겨 있었다. 머릿속으로 방정식이 쓰인 페이지를 넘기며 마지막 장까지 검토했다. 말하자면 나는 오직 머릿속에서 파동으로만 존재했을 뿐, 나의 존재가 물체이기도 하다는 사실은 깜빡하고 말았다.

집으로 이어지는 중심가에서 길을 건너던 나는 생각에 잠기면 으레 그랬듯이 고개를 들어 보행자 신호등이 빨간불인지 확인하지 않았다. (빨간불이었다!) 상황은 계속 나빠졌지만, 이 또한 종종 벌어지던 일이었다. 인도에 이르렀을 때 맞은편에 있던 누군가와 부딪혔다. 나는 고개를 들지 않고 곧바로 사과했다. 내가 부딪힌 사람이 경찰관이란 건 알지 못했다. 그는 나를 불러세우고 100달러나 되는 무단횡단 벌금을 매겼다. 나는 다시 한번 사과하며 선처를 호소했다. 내일 아침 박사 학위 논문 심사가 있어서 생각에 집중하느라 보행자 신호를 미처 보지 못했다고 말이다. 하지만 경찰관은 단호하게 말했다. "이 일이 당신의 목숨을 구해줄 거예요. 다음번에 또 생각에 정신이 팔린다면, 밀워키에서 무단횡단 벌금으로 100달러를 받은 사람은 당신뿐이라는 걸 떠올릴 테니까요. 다음에는 신호등을 잘 살펴보겠죠."

만일 내가 양자세계에 존재했더라면 상황은 달랐을 것이다! 공간상의 한 점이라는 특정한 위치(가령 도로 한쪽에 있는 신호등 옆)에 놓인 고전적인 물체와 달리, 파동은 공간에 퍼져 있는 확장된 대상이다. 내가 파동으로 바뀌었더라면 나는 도로 양쪽에 동시에 존재했을 것이다. 그렇다면 교통 법규를 위반하지도 않았을 것이다.

간단하게 말해서, 아원자 입자(원자보다 작은 입자)는 인간처럼 크고 무거운 물체와 매우 다르며 완전히 다르게 작동한다. 아원자 입자는 가볍고 아주 작다. 그것들의 세계가 바로 양자론이 지배하는 영역이며, 모든 물질이 파동과 입자의 성질을 동시에 보이는 영역이다. 전자와 양성자, 중성자와 쿼크, 원자와 광자 그리고 매우 작았던 원시우주가 모두 파동이면서 또한 입자인 것이다!

아이러니하게도, 19세기의 고전물리학 실험을 통해 파동-입자 이중성이 사실임을 알 수 있다. 토머스 영Thomas Young이란 과학자가 1801년에 처음으로 수행한 '이중슬릿 실험'Double-slit experiment은 파동의 핵심 성질인 '중첩Superposition'을 매우 간단하게 보여준다. 여러 다발의 파동이 한 장소에 모여 있을 때, 그 파동들은 말 그대로 모든 지점마다 합쳐진다. 그러한 합쳐짐을 파동의 중첩이라 부르고, 합쳐진 결과가 만든 무늬를 간섭무늬Interference pattern라고 부른다.

일상의 경험을 생각해보면 중첩이 정말 일어난다는 사실을 알 수 있다. 오케스트라 콘서트에 갔다고 생각해보자. 당신은 오케스트라를 이루는 악기들이 제각기 만들어내는 개별적인 음파가 아니라 모든 음파가 합쳐진 묶음을 듣게 된다. 마찬가지로, 복도에 있는 전등을 켰을 때 우리는 전구들이 개별적으로 발하는 고유한 광파를 하나씩 인지하지 않고 모든 전구에서 나온 광파가 합쳐진 묶음을 보

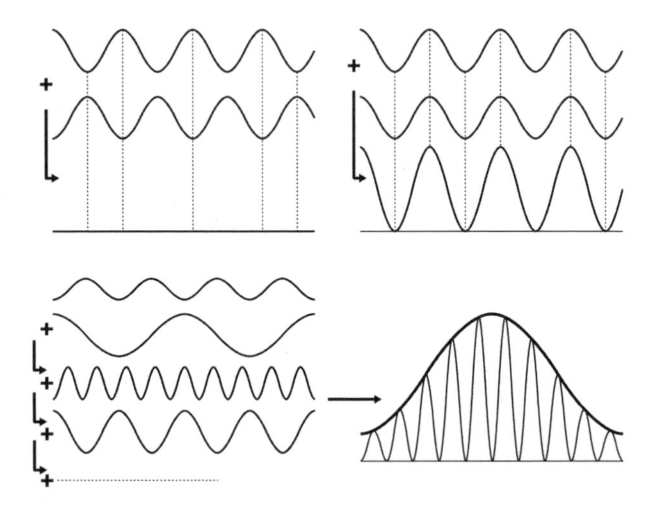

그림 3. 파동의 중첩. 좌상단 그림은 파동들의 '위상Phase'이 반대인 경우(한 파동의 시작점이 다른 파동의 끝점이 되고 그 반대도 그런 경우)이며, 우상단 그림은 파동들의 '위상'이 동일한 경우(파동들의 시작점과 끝점이 동일한 경우)이다. 하단 그림처럼 위상과 진동수, 진폭이 다양할 경우 모두 합쳐지면 '파동묶음'이 된다.

게 된다. 이와 같이 '싸개Envelope' 모양(〈그림 3〉의 하단 그림)을 유지하며 하나의 단위로 함께 움직이는 중첩된 파동을 파동묶음Wave packet이라고 한다. 나중에 살펴보겠지만, 우리우주는 태초의 순간에 파동묶음이었다.

이중슬릿 실험에서 실험 수행자는 두 슬릿(틈)이 있는 가림막에 빛을 비추고 스크린에 투영된 무늬를 관찰하기만 하면 된다. 원한다면 직접 해볼 수도 있다. 스크린에는 밝은 얼룩과 어두운 얼룩이 번갈아 가며 나타난다(〈그림 4〉의 상단 그림). 왜냐하면 어떤 부분에서는 파동이 서로를 증폭하고 다른 부분에서는 서로를 상쇄하기 때문이다. 첫 번째 슬릿을 통과해 스크린에 도달한 빛이 마루인 지점에서, 두 번째 슬릿을 통과해 도달한 빛이 골이라면 마루가 골을 상쇄해버린다. 그러면 두 파동이 합쳐진 파동의 진폭은 0이 되고, 따라서 스크린에 어두운 얼룩을 남기게 된다(이 경우를 '상쇄간섭Destructive interference'이라고 부른다). 반대로 서로 다른 두 슬릿을 통과한 두 빛이 스크린에 도달한 지점에서 모두 마루라면 서로를 증폭한다. 이때 합쳐진 파동은 진폭이 더 높은 마루를 만들고, 따라서 스크린에 밝은 얼룩을 남기게 된다(이 경우를 '보강간섭Constructive interference'이라고 부른다).

일반적으로 콘서트홀에 있는 음파 다발이나 집에 있는 광파 다발은 위상이 모두 동일하거나 모두 반대가 아니라 제각기 다르다. 위상이 무작위로 분포되는 경우가 많기 때문에 모든 파동을 더한 결과는 단순히 곧은 선이 위아래로 증폭된 파동이 아니라 싸개 모양의 파동묶음이다(〈그림 3〉의 하단 그림).

이 이야기는 파동의 종류와 무관하다. 음파는 광파와 똑같은 간섭무늬를 만든다. 상쇄간섭 때문에 콘서트홀에는 '값싼 좌석' 구역이 있다. 그 구역에 도달하는 음파들은 위

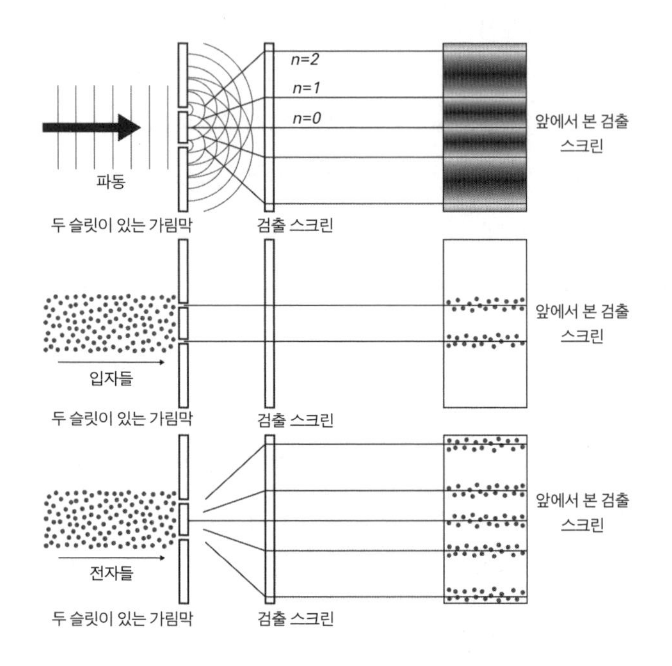

그림 4. 이중슬릿 실험. 상단 그림: 두 개의 슬릿을 통과한 빛이 스크린에 간섭 무늬를 남긴다. 가운데 그림: 만일 전자가 입자라면 우리는 스크린에서 두 집단으로 나뉜 밝은 얼룩만을 보게 될 것이다. 하단 그림: 전자들은 모두 합쳐져서 간섭을 일으키기 때문에 파동이기도 하다. 상단 그림이 설명하는 광파와 마찬가지다. 따라서 우리는 스크린에서 수많은 밝은 얼룩과 어두운 얼룩을 보게 된다. 이것이 바로 전자 파동의 간섭 무늬이다('*n*'은 단순히 얼룩의 띠를 표시한 것이다).

상이 반대여서 서로를 상쇄하기 때문에 음악이 잘 들리지 않는다(이러한 콘서트홀 구역은 이중슬릿 실험에서 어두운 얼룩에 해당한다). 또한 보강간섭의 혜택을 누리는 '값비싼 좌석' 구역도 있다. 그곳에 도달하는 음파들은 위상이 동일해서 음악이 증폭되어 들린다(이중슬릿 실험에서 밝은 얼룩에 해당한다). 물결파 또한 똑같은 간섭무늬를 형성한다. 물웅덩이에 돌멩이 두 개를 던진다고 해보자. 그럼 물결파들이 만나 서로를 증폭하거나 상쇄하면서 마루와 골을 바꾸며 간섭무늬를 만들어낸다.

양자세계에서도 똑같은 현상이 일어나지만 그 대상은 아원자 입자이다. 이중슬릿에 전자 빔(전자들의 무리)을 쪼여 통과시키면 광파의 경우와 똑같이 스크린에 밝고 어두운 간섭무늬가 생긴다(다른 양자입자를 쪼였을 때도 마찬가지다). 실제로 이중슬릿 실험은 초창기에 양자역학을 시험할 수 있는 보기 드문 기회를 제공했다. 양자역학이 말이 안 되는 이론이라고 가정해보자. 그리고 파동-입자 이중성 같은 것도 없고, 입자는 단지 입자일 뿐이라고 생각해보자. 그렇다면 두 개의 슬릿에 전자 빔을 쪼이는 상황은 두 개의 열린 창문 안으로 구슬을 던지는 상황과 똑같다. 구슬은 벽에 탁 부딪히면서 두 줄로 흠집을 남길 것이다(〈그림 4〉의 가운데 그림). 하지만 전자 이중슬릿 실험은 완벽한 간섭무늬를 보여주면서 전자에 파동의 성질이 있다는 사실을 확증한다(〈그림 4〉의 마지막 그림). 나중에 살펴보겠지만, 여기서 파동이 원시우주라고 본다면 파동의 간섭무늬는 우리우주의 기원을 시험하는 데 결정적인 역할을 한다.

플랑크와 드브로이 그리고 그들의 발자취를 따른 20세기 물리학 거인들의 연구 덕분에 파동-입자 이중성은 오늘날 물리학의 근본 개념이 되었다. 그리고 여전히 우주의 이해에 혁명을 일으키고 있다. 우주의 기원 연구보다 심오한 혁명이 일어나는 분야는 아마도 없을 것이다. 원시우주는 그 자체로 양자적인 대상이었으며 전자나 쿼크보다 훨씬 작았다. 그리고 곧 알게 되겠지만, 원시우주의 양자적 간섭은 우주의 탄생에 대한 수수께끼를 푸는 중요한 열쇠이다.

생의 마지막 순간까지 플랑크는 자신의 연구가 과학 혁명을 촉발했다는 공로를 인정받길 꺼렸다. 그는 20여 년간 자신의 생각이 의미 있는 물리적 실체가 아니라 순전히 수학적인 실체로만 여겨지길 원했다. 양자론을 향한 플랑크의 우려는 스톡홀름의 감라스탄 지구에 있는 노벨박물관 통로 벽에 새겨진 글귀에서 가장 잘 드러난다. 플랑크의 말은 지금도 여전히 유효하다. "과학의 새로운 진리가 승리하는 것은 반대자들을 설득해 빛을 보여주기 때문이 아니라, 결국 반대자들이 사망하고 그 진리에 익숙한 신세대가 성장하기 때문이다(이 말은 이후 "과학은 장례식이 열릴 때마다 진보한다"라는 간결한 표현으로 바뀌었다)".

그럼에도 플랑크와 선구적인 과학자들은 새롭고 지속적인 이론을 발전시켰다. 1920년대 중엽이 되자 플랑크가 촉발한 혁명은 거스를 수 없는 흐름이 되었다. 고전물리학에서 수수께끼처럼 보였던 현상들은 이제 새로운 이론으로 간단하게 설명되었다. 보어가 제안한 원자모형과 드브로이가 제시한 파동 전자 모형은 빛은 물론이고 물질도 파동인 동시에 입자라는 점을 보여줌으로써 경계선을 더욱 밀어붙였다. 정답을 찾았다고 확신한 양자론의 창시자들은 그때까지 누구도 상상하지 못한 일을 해냈다. 고전물리학의 저항에 굴하지 않고 양자의 영역으로 넘어가 인간의 사고방식을 영영 바꿔버린 것이다. 우주의 기원에 대한 나의 이론을 공개하면 나 또한 그와 같은 저항을 맛보게 되겠지만, 아직은 내가 너무 앞서가고 있는 듯하다.

나의 경험으로 미루어 보자면, 물리학자들은 이중적인 삶을 살고 있다. 그들은 보통 사람들처럼 편안하고 행복하며 때로는 엉뚱하기도 하다. 하지만 연구나 논쟁을 하거나 다른 사람의 아이디어를 면밀히 검토하는 일에 몰두할 때면 완전히 정반대의 사람이 된다. 시간이 멈추고, 삶이 멈춘다. 감정이 들어설 여지가 없어진다. 중요한 것은 수학의 엄밀함이나 논리의 예리함이며, 둘 다 고도의 집중력을 필요로 한다. 그때는 오직 문제를 해결하는 것만 중요해진다. 마침내 답을 얻는 순간이 마법과도 같기 때문이다.

나의 남편 제프 호턴은 물리학자가 아니다. 남편은 유럽

연합 경제발전계획의 경제 고문으로 일하기 위해 1992년에 영국에서 알바니아로 왔고, 그때 나와 친구가 되었다. 알바니아에서 그가 참여한 계획은 1993년 12월에 끝났다. 내가 미국으로 가기 한 달 전이었다. 이제부터는 서로 다른 대륙에 머물러야 하기 때문에 나는 우리가 다시는 만나지 못하리라 확신했다. 그러므로 한 달 뒤인 1월의 어느 날 취리히 공항 직원이 확성기로 내 이름을 부르며 스위스 항공의 수속 카운터로 가라고 안내했을 때, 내가 본 그의 모습이 우리의 마지막 만남일 거라고 생각했다.

남편은 취리히 공항에서 우연히 나를 만난 것이 지극히 당연한 일이라는 듯 아무렇지 않은 표정으로 서 있었다. 그는 나를 포옹하며 커피를 한잔할 수 있겠냐고 물었다. 그리고 덧붙였다. 나보다 먼저 도착하려고 런던에서 취리히로 오는 이른 비행기를 탔다고. 그러고는 미국으로 가는 마지막 환승편을 같이 타도 되냐고 물었다.

당황스러웠지만 나는 예의상 "네, 그러세요"라고 답했다. 갑자기 스위스 항공 카운터의 직원들이 일제히 박수를 보냈다. 나는 그러면 커피를 마시기 전에 비행기 표를 구해야 하지 않냐고 물었다. 그러자 스위스 항공 직원이 웃더니 내 비행기가 착륙하기도 전에 이미 그가 내 옆 좌석 비행기 표를 구매했다고 말했다.

결혼하고 딸을 낳기 전까지 한동안 남편은 유럽에서 일

했고 나는 미국에서 살았다. 하지만 우리는 매일 통화하면서 아원자 입자는 하지 못하는 일을 할 수 있었다. 우리의 속력과 위치를 동시에 확실하게 알 수 있었던 것이다.

과학자들이 아원자 입자 세계의 불확정성을 발견하고 결국 설명까지 성공한 것은 내가 현대 물리학에서 가장 좋아하는 이야기이다. 바로 우리의 지적 여정에서 두 번째로 살펴볼 위대한 '양자도약'이다. 정말 적절하게도, 그 이야기는 나와 같은 대학원생이었던 한 사람으로부터 시작된다.

뛰어난 재능을 가진 스물한 살의 독일인 학생 베르너 하이젠베르크Werner Heisenberg는 1920년대의 어느 날 코펜하겐에서 보어의 원자모형 강의를 들었다. 깊은 인상을 받은 그는 보어에게 자신을 조교로 받아달라고 부탁했다. 불과 몇 년 뒤인 1927년, 하이젠베르크는 양자역학의 토대를 이루는 핵심 요소인 '불확정성 원리Uncertainty principle'를 발표했다. 훗날 내가 우주의 탄생을 새롭게 이해하는 과정에서 의존하게 될 원리였다.

하이젠베르크의 불확정성 원리에 따르면, 아원자 입자의 위치와 속력을 동시에 정확하게 알 수는 없다. 그런 일은 자연이 용납하지 않는다. 이 원리는 양자세계가 수많은 불확정성으로 가득 찬 이유와 모든 결과가 확률에 기초한

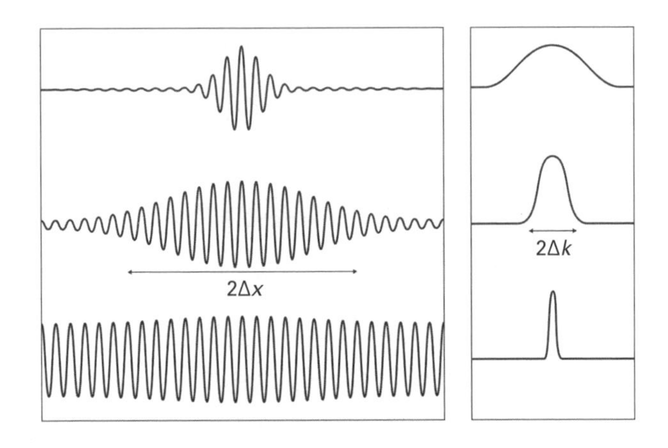

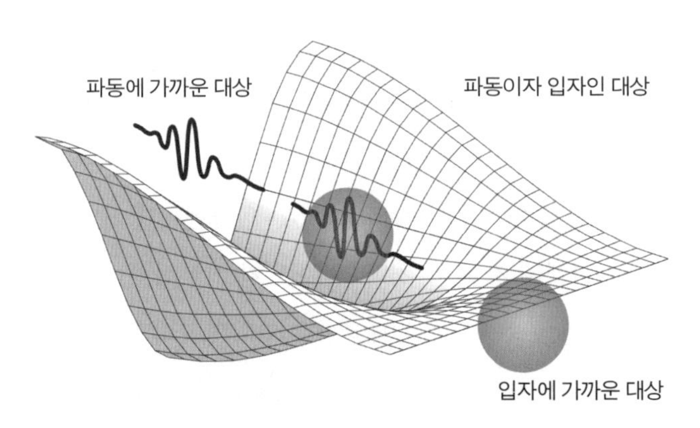

그림 5. 상단 그림: 속력을 높은 정확도로 측정할 때, 파동이면서 입자인 대상의 위치가 퍼지는 정도. 좁은 파동묶음(Δx의 값이 작은 경우)은 넓게 퍼진 파장(Δk의 값이 큰 경우)에 대응한다. 넓은 파동묶음(Δx의 값이 큰 경우)은 좁게 퍼진 파장(Δk의 값이 작은 경우)에 대응한다.* 하단 그림: 가상의 시공간을 배경으로 파동-입자 이중성을 표현한 그림. 입자는 파동묶음에 해당한다. 파동묶음의 대부분은 입자의 위치 주변에 '몰려' 있지만, 파동의 일부는 여전히 무한대로 뻗어 있다.

이유를 설명하는 데 핵심적이다. 불확정성 원리는 양자입자의 파동-입자 이중성을 기반으로 한다. 양자입자가 움직이는 속력을 측정하려고 하면, 그 입자는 이중성 쌍둥이인 파동으로 바뀌어버린다. 〈그림 5〉에서 볼 수 있듯이, 파동은 하나의 우편번호와 주소에 거주하는 입자처럼 점으로 놓여 있지 않고 우주에 퍼져 있다. 그러므로 입자의 속력을 알면 그 위치는 정확히 파악할 수가 없게 된다. 그 반대의 경우도 마찬가지다. 입자의 위치가 정확하게 측정되면 그 입자가 가질 수 있는 속력 값의 범위가 넓어진다.

따라서 입자의 속력과 위치는 그 모순적인 관계 속에서 영원히 맞물려 있다. 만일 오차가 거의 0일 정도로 정확하게 속력을 측정한다면, 그 입자가 정확하게 어디에 있는지는 자연이 허락하지 않아 알 수가 없다. 당신이 아무리 똑똑해도, 측정 장비가 아무리 정교해도 마찬가지다. 그런 양자입자(즉, 파동)는 우주 어디서나 발견될 수 있으며, 그 정확한 위치는 절대 알 수 없다. 그 이유는 산술적으로도

* 여기서 k는 파수Wave number라는 물리량을 의미한다. 파수는 질량과 속력의 곱으로 정의되는 운동량과 관련이 있다. 파수의 폭 Δk이 넓을수록 운동량 값의 범위, 즉 속력 값의 범위가 넓어지며 그 반대도 마찬가지다. 그러므로 위에서 왼쪽 그림은 위치가 불확정한 정도, 위에서 오른쪽 그림은 속력이 불확정한 정도를 나타낸다고 볼 수 있다. Δk가 점점 줄어드는 그림은 속력을 점차 높은 정확도로 측정한다는 뜻이고, Δx가 점점 넓어지는 그림은 위치가 점차 불확정해진다는 뜻이다.— 옮긴이

표현해볼 수 있다. 1을 0으로 나눈 결과는 무한대이다. 속력 측정의 오차가 거의 0이라면, 그에 따라 위치 측정의 오차는 매우 커지며 사실상 무한대에 가까워진다.

하이젠베르크의 불확정성 원리는 양자우주(양자적인 성질을 띠는 원시우주)의 불확정성을 수학적으로 포착해낸다. 양자우주에서는 에너지와 운동량(질량과 속도를 곱한 물리량) 같은 정보가 하나의 값으로 정해져 있는 게 아니라 다양한 값을 가질 수 있다. 이러한 가능성은 눈에 보이는 고전물리학 세계에서는 존재하지 않는다. 하지만 양자세계는 꿈틀거리며 퍼져나가는 파동묶음으로 이루어져 있다. 양자세계를 서술하는 최선의 방법은 양자입자가 취할 수 있는 경로의 가능성(전문용어로는 '확률')을 계산하는 것이다. 우리우주는 양자적인 대상으로 시작되었기 때문에 하이젠베르크의 불확정성 원리는 원시우주일 때부터 본질적으로 그 구조에 뿌리박혀 있었다. 심지어 그 원리는 오늘날 눈에 보이는 큼지막한 고전우주에도 남아 있다.

우주론학자가 보기에 하이젠베르크의 원리가 지닌 함의는 간단하다. 우리는 우주에 무슨 일이 일어날지 예측할 수 없다. 최선의 방법은 사건들이 일어날 확률을 계산하는 것뿐이다.

물론 하이젠베르크는 자신이 제시한 우주가 얼마나 기묘한지 잘 알고 있었다. 영국의 생물학자 홀데인J. B. S. Haldane

이 남긴 말처럼 말이다. "우주는 우리가 상상한 것보다 괴상할 뿐만 아니라, 우리가 상상할 수 있는 것보다 더 괴상하다."

아인슈타인도 하이젠베르크 원리의 터무니없는 함의를 받아들이지 못했다. 양자우주는 심지어 숙련된 물리학자에게도 기묘해 보인다. 하지만 그건 상관없는 일이다. 우리가 받아들이든 그러지 않든 자연은 우리를 위해 양자우주를 준비해두었다. 양자론의 타당성은 수많은 실험을 통해 높은 정확도로 확인되었다. 우주가 하이젠베르크의 편을 들어준 셈이다.

불확정성 원리를 받아들이긴 어렵지만, 이 원리를 우주 전체에 적용한 결과는 정말 놀랍다. 이 결과는 양자우주에서 일어나는 그 어떤 사건도 확실하게 결정되지 않는다는 점을 보여준다. 그럴 일은 결코 없다! 불확정성 원리는 자연이 보편적인 규모의 복권을 운영한다고 주장한다. 자연에서 나타날 수 있는 모든 우주가 하나의 복권이라고 해보자. 각각의 복권이 당첨될 확률은 0이 아니지만, 100퍼센트로 확실하게 당첨되는 것도 아니다. 당첨될 수도 있고 안 될 수도 있다.

알바니아라는 작은 나라가 있는 지구가 존재하는 우주를 상상해보자. 그리고 빅뱅이 일어난 지 138억 년 후 알바니아가 독재 국가가 될 확률은 30퍼센트, 독재 국가가 되지 않을 확률은 40퍼센트, 나라 자체가 존재하지 않을 확률은 30퍼센트라고 가정해보자. 우리우주가 탄생한 순간에는 그중 어느 사건이 138억 년 뒤에 현실화될지 알 수가 없다. 대신 우리에겐 각각의 사건이 일어날 가능성의 집합이 있다. 원시우주의 상태를 비롯해 우주에서 일어나는 사건들은 결정론이 아닌 비결정론의 방식으로 작동한다. 우주는 근본적으로 불확정하다.

생의 마지막 순간까지 아인슈타인은 양자역학에 심오한 통찰이 빠져 있다고 확신했다. 아인슈타인과 양자역학의 창시자들은 불확정성 원리가 자연에 도입한 비결정론을 받아들이지 못했다. 그래서 그들은 결정론적 단일우주를 뒷받침할 수 있는 구조에 새로운 이론을 끼워 맞추려고 노력했다. 이러한 방식으로 단일우주는 20세기 내내 명맥을 유지했다. 하지만 단일우주의 옹호자들은 실패하고 말았다. 그들의 실패는 결국 21세기에 접어들어 '검증 가능한 다중우주론'을 탐구할 수 있는 발판이 되었다.

하이젠베르크의 불확정성 원리만으로는 충분히 불안하게 만들지 못했다는 듯, 새로운 발전은 머지않아 양자물리학을 한층 더 불확실한 방향으로 이끌었다.

1920년대 초, 오스트리아의 물리학자 에르빈 슈뢰딩거 Erwin Schrödinger는 양자물리학을 독립적으로 연구하고 있었다. 슈뢰딩거는 전자가 파동이면서 또한 입자라는 드브로이의 발견에서 영감을 받아 파동-입자 이중성에 연구의 초점을 맞추었다. 플랑크 그리고 아인슈타인과 함께 그는 생의 마지막까지 양자론의 확률적 함의를 부정하기 위해 총력을 기울였다.

그럼에도 슈뢰딩거는 1926년에 일생에서 제일 중요한 발견을 이루어냈다. 당시 그는 몰랐겠지만 후대 물리학자들에게도 몹시 중대한 발견이었다. 바로 '슈뢰딩거 방정식 Schrödinger equation'이다. 이 방정식을 통해 과학자들은 양자 입자가 외력(외부에서 작용하는 힘)에 의해 당겨지거나 밀릴 때 시간이 지나면서 어떤 일이 벌어지는지 계산할 수 있게 되었다. 슈뢰딩거 방정식은 또한 양자물리학의 이해를 완성한 마지막 기둥이기도 하다.

슈뢰딩거 방정식이 해낼 수 있는 일이 불가능한 것처럼 들릴 수 있지만 생각만큼 그렇지는 않다. 이 방정식을 이해하기 위해 다음과 같이 상상해보자. 한 무리의 물리학자들이 미국의 로키 산맥이나 영국의 레이크디스트릭트 산맥에서 등산을 하고 있다. 그들의 손에는 구슬이 한 줌씩 들려 있다. (구슬은 물리학자가 제일 좋아하는 장난감이다!) 산 정상에 오른 물리학자들이 실수로 구슬을 떨어트린다. 구슬이 사방으로 굴러 계곡과 호수로 떨어지는 것을 물리학자들은 낙심한 표정으로 지켜본다.

이 시나리오에서 구슬은 계곡 바닥에 도달할 때까지 구르기를 멈추지 않는다. 지구의 중력이 구슬을 아래로 끌어당기기 때문이다. 에너지의 총량은 반드시 보존되기 때문에 구슬이 구르는 속력은 점점 더 빨라진다(전체 에너지는 운동에너지와 중력 퍼텐셜에너지로 이루어진다). 바닥에 가까워질수록, 구슬과 지구 중력장의 상호작용에 의한 에너지(퍼텐셜에너지)는 구슬의 운동 에너지로 전환된다. 운동에너지의 증가량은 중력 퍼텐셜에너지의 감소량을 정확히 보충한다. 결국 두 에너지의 합은 변하지 않는다. 이러한 '에너지 보존 법칙'을 통해 우리는 구슬이 언덕으로 굴러떨어질 때 일어나는 고전적인 운동을 서술할 수 있다.

고전입자와 양자입자의 차이는 잠시 제쳐두자. 슈뢰딩거 방정식은 구슬의 운동을 서술하는 고전적인 방정식과 동일한 역할을 한다. 입자의 질량과 그 입자에 작용하는 외력에 대한 정보가 주어졌을 때, 이 방정식은 양자입자가 시간에 따라 어떻게 변화하는지 알려준다. 그러므로 슈뢰딩거 방정식은 고전적인 운동 방정식의 양자 버전인 셈이다. 두 방정식 모두 운동에너지와 퍼텐셜에너지의 총량이 보존되어야 한다는 동일한 원리를 따른다. 에너지는 무無에서 생겨나지 않는다. 따라서 에너지는 보존되어야 한다.

슈뢰딩거 방정식이 어떻게 작동하는지 이해하기 위해 다음과 같은 시나리오를 상상해보자. 중력 퍼텐셜에너지와 구슬의 규모가 아원자 정도로, 즉 전자 정도의 크기로 축소되었다고 가정하자. 전자는 산맥에서 구슬에 작용하는 중력과 비슷한 외력을 받고 있다. 전자에 작용하는 외력의 종류는 여기서 중요하지 않다. 그 외력은 중력이 될 수도 있고, 핵력이나 전자기력 또는 그 밖의 다른 힘이 될 수도 있다. 중요한 것은 전자에 외력이 작용한다는 사실이다. 구슬에 중력이 작용하는 것처럼 말이다. 이때 전자들의 운동이 바로 슈뢰딩거 방정식의 해로 주어진다.

고전적인 운동 방정식과 슈뢰딩거의 운동 방정식은 서로 비슷하긴 하지만 몇 가지 핵심적인 면에서 개념적인 차이를 보인다. 슈뢰딩거 방정식은 양자세계에서 작동하며, 입자를 마치 파동처럼 다룬다. 하지만 문제는 더 복잡하다. 슈뢰딩거 방정식은 '양자 구슬'의 운동에 대한 답을 단 하나만 제시하지 않는다. 그 대신 각기 다른 경로로 움직이는 파동들의 집합을 제공한다.

중요한 것은, 슈뢰딩거 방정식에서 도출되는 파동 해는 '확률파동Probability wave'으로 해석된다는 점이다. 이는 양자입자가 각각의 파동 경로들을 따를 가능성이 모두 0이 아니라는 사실을 의미한다. 그렇다면 우리는 입자가 어떤 파동 경로를 선택할지 예측할 수 없다.

더 나아가, 결정된 궤적을 따라 실제 시공간에서 움직이는 눈에 보이는 고전입자와 달리 양자입자는 제각기 발생 확률이 정해져 있는 가능한 경로들의 공간 속에서 변화한다.* 이렇게 가능한 경로들이 많다는 사실에는 양자세계의 완전한 불확정성이 반영되어 있다. 불확정성 원리의 창시자인 하이젠베르크 또한 슈뢰딩거의 파동 해를 확률파동으로 이해하는 것에 동의했다.**

자연이 확률 게임에 사용하는 완전한 양자 '기계(수학적 장치)'는 마침내 슈뢰딩거 방정식이 고안되면서 밝혀졌다. 방정식의 한쪽에 양자입자의 질량과 외력을 입력하면, 시간이 지나면서 입자가 따를 경로에 대한 확률적인 답을 방정식 반대쪽에서 기계가 뱉어낸다.

그렇다면 양자 기계의 방향을 초기 우주의 폭발이라는 난해한 문제로 돌리면 어떤 일이 벌어질까? 원시우주의 인플레이션을 일으킨 인플라톤을 기계에 입력하면 무슨

* 가능한 파동 경로들의 집합을 힐베르트 공간Hilbert space이라고 한다. 이 명칭은 수학자 다비트 힐베르트David Hilbert의 이름을 따서 지은 것이다.

** 하이젠베르크가 보기에 양자입자가 활동하는 추상 공간(힐베르트 공간) 그리고 양자세계의 변화를 결정하는 슈뢰딩거 방정식은 플라톤의 이중적 존재 층위가 구현된 것이었다. 플라톤의 이중적 존재란, 입자와 물체가 존재하는 시공간의 물리적 세계와 그보다 높은 층위인 '데미우르고스'의 세계이다(데미우르고스의 세계가 물리적 세계를 형성한다). "현대 물리학은 확실히 플라톤의 손을 들어주었다. 물질의 최소 단위는 통상적 의미의 물체가 아니다. 그 단위는 형상 또는 이데아이며, 오직 수학의 언어로만 명확하게 표현된다(베르너 하이젠베르크, 〈자연법칙과 물질의 구조*Das Naturgesetz und die Struktur der Materie*〉, Stuttgart Belser, 1967)."

일이 일어날까? 그런 수수께끼 같은 순간에 대해 양자물리학은 어떤 통찰을 제공해줄까? 우아하지만 불완전한 인플레이션 우주론을 이해하는 데 어떤 도움을 줄까?

구스와 린데의 인플라톤 입자 그리고 인플라톤의 퍼텐셜에너지로 가정한 에너지를 슈뢰딩거 방정식 기계에 입력하면, 기계는 급팽창하는 우주라는 답을 뱉어낸다. 산맥에 놓인 구슬이 지구의 중력 퍼텐셜에너지를 따라 굴러떨어지는 것처럼, 구스와 린데의 인플라톤도 퍼텐셜에너지를 따라 굴러떨어진다(〈그림 6〉). 단, 퍼텐셜에너지의 깊이가 매우 얕아서 극도로 천천히 굴러간다. 시간이 흘러도 인플라톤의 에너지가 변하지 않는 것처럼 보일 정도이다.

인플레이션 우주론은 이론이라기보다는 하나의 패러다임이다. 많은 과학자들이 여러 모형을 통해 인플라톤의 원시 퍼텐셜에너지를 가정하고 있기 때문이다. 그들이 가정한 인플레이션 에너지가 매우 다양하긴 하지만, 인플레이션 패러다임의 모형은 전부 다음과 같은 결과를 산출한다. 인플라톤이 빅뱅을 촉발해 원시우주를 '폭발'시켰고, 모든 방향으로 균일하게 우주의 성장을 가속화했다. 그리고 잠시 후 역시 인플라톤으로 인해 우주가 물질과 빛 그리고 에너지로 가득 채워졌다. 그렇게 원시우주는 오늘날 우리가 '우리우주'라고 부르는 아름다운 장소가 되었다.

하지만 양자입자에서 출발해 물질과 별 그리고 은하와

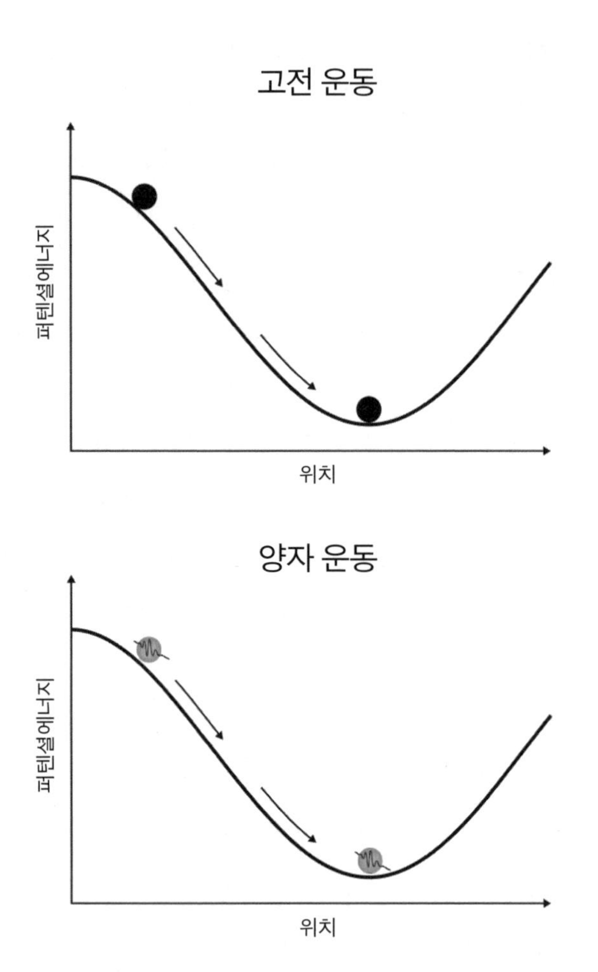

그림 6. 상단 그래프는 지구의 중력 퍼텐셜에너지의 영향으로 구슬이 굴러떨어지는 모습을 보여준다. 하단 그래프는 양자입자(가령 인플라톤)가 퍼텐셜에너지 장에서 굴러떨어지는 모습을 보여준다. 슈뢰딩거 덕분에 우리는 이 양자입자가 확률파동이기도 하다는 사실을 알게 되었다.

행성의 방대한 모임, 수많은 생애가 주어져도 여행하지 못할 만큼 광막한 우주까지 가는 길은 어떻게 설명해야 할까? 이 지점에서 인플레이션 우주론은 부족함을 드러낸다. 그리고 이러한 상황은 나의 호기심을 불러일으켰다. 볼츠만과 플랑크 그리고 펜로즈라면 어떤 길을 선택했을지 나는 궁금했다.

4장

미세조정의 문제

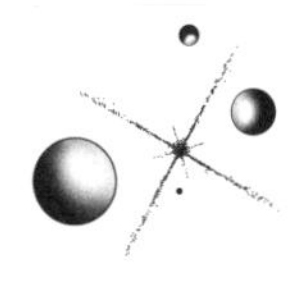

물리학자들은 새로운 해답보다 새로운 문제를 발견했을 때 행복해한다(이따금 동료들보다 똑똑하다는 말을 들었을 때도 그렇다). 새로운 문제는 새로운 발견으로 이어질 수 있고, 따라서 삶은 따분함과 멀어진다. 아름다운 양자세계가 바로 그런 경우이다. 양자세계는 인플레이션 우주론이란 풍부한 이야기를 비롯해 오래된 문제에 대한 새로운 통찰을 끊임없이 제공한다.

2000년에 박사 학위를 받은 뒤, 나는 대부분의 시간을 우주론에 투자하기로 결심했다. 이 분야가 이제 곧 황금기에 들어서리라는 것을 본능적으로 알았다. 기술의 발전 덕분에 과학자들은 거시 우주와 미시 우주를 더 멀리, 더 깊이 탐구할 수 있었다. 그리고 우주의 진화를 서술하는 유력한 이론인 표준우주모형에 그 어느 때보다 많은 수수께끼가 담겨 있었다. 새로운 세대의 과학자들이 그 수수께끼를 해결할 기회를 갖게 될 것이었다.

과학자로서 새롭게 선택한 경력을 시작하면서, 특별히 한 가지 수수께끼가 나의 관심을 사로잡았다.

표준우주모형에 따르면, 빅뱅이 끝난 후 찰나의 시간 만에 우주는 블루베리 정도의 크기가 되었다. 초창기 인플레이션 단계를 막 벗어난 상태였다. 이제 우주는 고전적인 물체였으며(물론 그 안에 있는 물질은 여전히 양자적이었다), 더 이상 가속하지는 않았지만 여전히 팽창하고 있었다. 그러나 그 무엇도 빛보다 빨리 움직일 수 없다면, 입자들은 어떻게 팽창하는 우주를 가로질러 점점 멀어지는 다른 입자들을 따라잡고 상호작용할 수 있었던 것일까?

이 질문은 양자역학의 파동-입자 이중성으로 설명할 수 있다. 원시우주의 일부분이 마치 풍선처럼 사방으로 부풀어 올라 원시우주 전체만 한 크기가 되면서 그 안의 모든 것이 함께 늘어난다. 분명히 말하건대, 입자들이 우주와 똑같은 규모로 늘어난다고 해서 전자가 갑자기 우주 전체만큼 커진다는 뜻은 아니다. 변하는 것은 입자의 파장이다. 입자들은 여전히 양자론의 지배를 받는 아원자 입자이며, 따라서 파동-입자 이중성을 유지한다. 그러므로 우주가 인플레이션을 거치면서 광자나 입자의 파장이 늘어나는 것이지, 입자 자체가 커지는 것은 아니다.

이 현상은 원시우주의 '냉각Cooling'이라는 또 다른 현상도 설명한다. 파동-입자들의 파장이 길어지면 그에 반비례하여 에너지가 감소한다. 이 효과 때문에 우주 전체가 팽창하면서 균일하게 냉각된다(온도가 떨어진다).

우주는 계속 팽창하기 때문에 인플레이션이 끝난 뒤에도 온도가 계속 떨어진다. 하지만 인플레이션이 끝나면 인플라톤의 에너지는 어딘가로 갈 수밖에 없다. 인플라톤 입자는 물질 입자와 광자로 붕괴하면서 그 입자들에게 에너지를 전달한다. 이 과정을 '재가열Reheating'이라고 한다(사실 우주가 실제로 가열되는 것은 아니고, 조지 가모프가 뜨거운 빅뱅 모형으로 예측했듯이 복사로 가득 차게 된다. 그러므로 **재가열**은 잘못된 명칭이다. 뜨거운 빅뱅과 인플레이션이 일어난 이후 우리우주가 간직했던 성질을 설명하는 과정에서 만들어진 용어이다).

우주가 팽창하고 계속 냉각되면서 기본적인 입자(양성자, 중성자, 전자)가 안정될 수 있는 조건이 만들어진다. 이 입자들은 빅뱅이 일어난 지 약 1000만분의 1초가 지난 후에 나타난다. 잠시 후 입자들이 결합하여 최초의 원자인 수소가 되며(〈그림 7〉), 우주는 결국 수소 구름으로 뒤덮인다.

우주가 탄생하고 3분이 지났을 무렵, 빅뱅 핵합성Big Bang nucleosynthesis이라는 현상이 발생한다. 빅뱅 핵합성으로 수소보다 무거운 헬륨과 그 밖의 원소들이 생성되며, 이 과정은 약 4분간 지속된다. 우주는 이미 냉각되고 있었지만(엄밀히 말해 인플레이션이 시작된 직후 냉각이 시작되었다), 여전히 뜨거워서 광자와 물질 입자(양성자, 중성자, 전자)가 함께 들끓고 으깨진 플라스마* 상태가 되어 우주를 불투명하게 만든다.

대략 38만 년이 지나서야 우주의 온도가 충분히 낮아진 덕분에 플라스마 속에서 광자들이 다른 입자들과 완전히 분리된다. 그렇게 풀려난 광자들은 여전히 우리우주 전체에 고르게 퍼진 복사의 형태로 관측된다. 광자들이 물질 입자에서 분리됨에 따라 우주는 점차 투명해진다. 오늘날까지 우주 전체에 걸쳐 골고루 퍼지고 있는, 즉 우주의 배경을 이루고 있는 이 복사를 '우주 마이크로파 배경복사 Cosmic microwave background radiation', 줄여서 우주배경복사라고 부른다(우주배경복사에 대해서는 나중에 다시 설명할 것이다. 나의 탐구에서 매우 중요한 개념이기 때문이다).

인플레이션이 끝나고 수십억 년이 지나면, 중력으로 인해 수소 구름 잔해가 응축되어 우주의 구조(별, 은하, 은하단)가 형성되기 시작한다. 물질의 응집도가 높은 영역에선 물질들이 무게 때문에 붕괴되어 최초의 별이 만들어진다. 그리고 이어서 무거운 원소가 생성된다. 금속은 별의 중심부에서 핵융합으로 만들어진다. 극도로 높은 압력 때문에 가벼운 원소들이 서로 충돌하여 무거운 원소들이 만들어

* 온도가 너무 높아서 원자핵과 전자가 서로 결합하지 못하고 뒤섞인 상태.—옮긴이

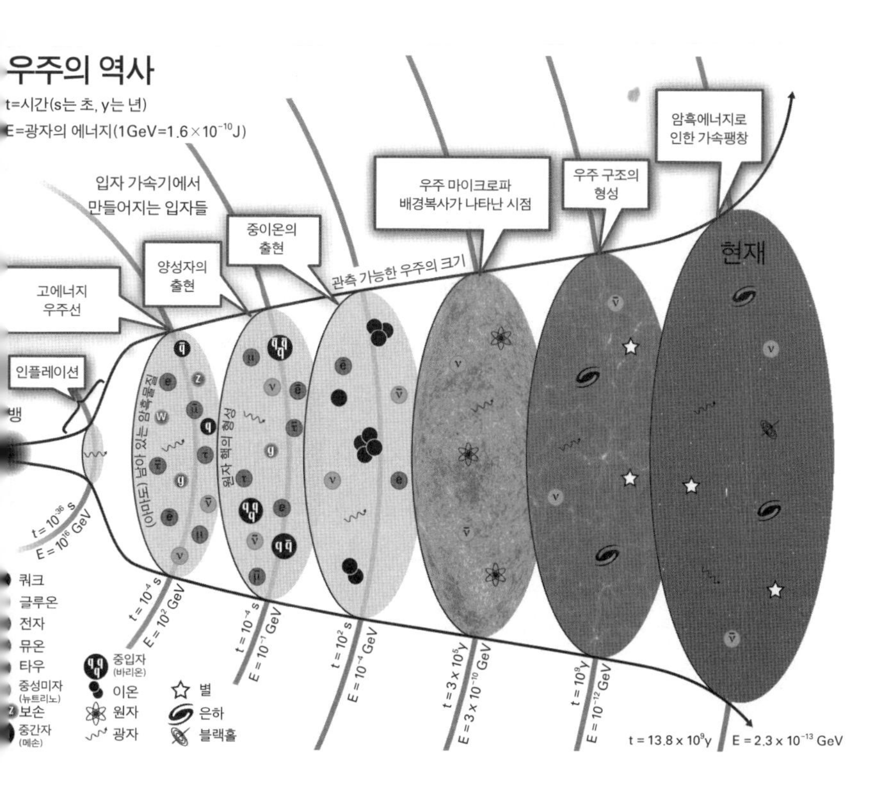

그림 7. 표준우주모형 전체가 도표로 정리되어 있다. 시간은 빅뱅-인플레이션이 일어난 순간부터 현재까지 가로축을 따라 흐른다. 수직축은 공간을 의미한다. 그림처럼 우주를 매 순간 조각내보면 알 수 있듯이, 우주는 시간의 흐름에 따라 팽창하고 공간적으로는 평탄하다. (출처: 로런스 버클리 국립연구소의 입자 데이터 연구 그룹Particle Data Group)

지는 것이다.

별들이 형성되고 나면 우주에는 딱히 특별한 일이 일어나지 않는다. 어쩌면 흥미롭지 않을 긴 기간을 거치면서 우주는 거듭 팽창하고 온도 또한 계속 낮아진다(시공간에서 급팽창하는 우리우주를 태초부터 현재까지 재구성한 역사를 〈그림 7〉에서 확인할 수 있다).

하지만 우리우주가 순전히 인플레이션 에너지에서 시작되었다면, 별과 은하를 형성하는 물질 입자부터 광자까지 우주의 모든 것은 어떻게 존재하게 되었을까?

인플레이션 우주론은 이 질문에 대한 답도 내려준다. 심지어 매우 훌륭한 답이다. 아인슈타인 방정식은 우주의 전반적인 성장이 그 안의 물질과 에너지에서 유래했다는 것을 설득력 있게 보여준다. 한편 양자론은 인플레이션이 끝났을 때 우주에 물질과 에너지의 씨앗을 뿌린 것이 무엇인지 알려준다. 우주의 구조는 하이젠베르크의 불확정성 원리에서 기인한다.

양자역학에 따르면, 인플레이션 에너지를 비롯한 모든 에너지에는 언제나 요동이 일어난다. 이 양자요동Quantum fluctuation은 양자입자의 경로에서 예측 불가능하게 일어나는 작은 이탈이나 갑작스러운 에너지 변화로 볼 수 있다. 이것은 하이젠베르크의 불확정성 원리를 통해 수학적으로 설명되는 현상이며, 따라서 초기 인플레이션 에너지에 양자요동이 일어나는 것은 불가피하다. 그러므로 인플레이션이 멈춘 우주는 인플라톤 에너지의 양자요동 파동으로 가득 차게 된다. 이렇게 인플라톤 에너지에 일어나는 모든 스펙트럼의 원시 요동을 밀도섭동Density perturbation이라고 한다. 어떤 요동은 질량이 있고, 어떤 요동은 질량이 없다. 요동의 모든 스펙트럼 중에서 우주 지평선의 크기보다 작은 짧은 파동들은 우주가 냉각되면서 질량이 있는지 없는지에 따라 광자나 물질 입자가 된다.*

인플레이션이 끝나면 광자와 물질 입자의 원시 수프가 우주 전체에 균일하게 흩어지면서 덩어리(질량이 많은 부분)와 거시공동Void(질량이 적은 부분)을 이룬다. 질량 덩어리로 과밀한 영역은 무게 때문에 붕괴해서 별과 은하를 형성한다. 원시 요동이 결국 빛과 별이 되므로, 오늘날의 우주는 원시 요동이 일어난 결과다. 그러므로 우주의 물질과 빛의 기원은 본질적으로 양자적이다.

더 나아가, 아인슈타인 방정식은 양자요동의 에너지를 요동이 일어나는 시공간과 관련짓는다. (에너지는 공간이 어떻게 휘어질지 말해준다는 점을 기억하라!) 더 자세히 살펴보자. 인플라톤 요동에 포함된 에너지는 시공간 구조에 미세한 떨림을 일으킨다. 그리고 우주 구조에 발생한 미세한 떨림으로 인해 우주의 중력장에 미약한 잔물결 또는 진동이 만들어진다. 이 잔물결을 원시 중력파Primordial gravitational wave라

* 양자요동의 파동은 파동-입자 이중성 원리에 따라 입자로 생각할 수도 있다. 이중성의 관점에서 보면, 질량이 없는 입자는 광자가 되고, 질량이 있는 입자는 별과 은하 그리고 우리를 형성하는 보통의 물질 입자가 된다.

고 부른다.

우리는 실패한 우주모형을 만들어볼 수도 있다. 인플레이션 모형마다 물질과 빛의 양이 다르기 때문에 밀도섭동도 다르게 일어난다. 우주의 질량-에너지 양을 결정하는 밀도섭동은 우주가 성장하면서 무슨 일이 벌어지는지를 결정한다. 물질이 너무 많이 생성되면 우주는 인간이 생겨날 만큼 오래 지속되지 않는다. 탄생한 지 얼마 되지 않았어도 블랙홀처럼 함몰되어 빠르게 붕괴하고 말 것이다. 반면 양자요동이 충분히 일어나지 않는 우주에는 물질이 많지 않아서 덩어리를 형성하지 못한다. 과밀한 영역은 너무 적고 또 서로 너무 멀리 떨어져 있게 된다. 결과적으로 우주는 생명과 구조가 메마른 불모지가 된다. 우주는 계속 팽창하겠지만 비교적 텅 비게 될 것이다.

하지만 우리우주가 적절한 종류의 인플라톤 퍼텐셜에너지와 매끄러운 공간을 갖고 탄생할 가능성은 극히 작다. 내 생각에 이 수수께끼의 답을 찾는 방법은 인플레이션 에너지의 기원과 그 전에는 무엇이 있었는지를 알아내는 것이었다.

적절한 양의 밀도섭동을 일으키는 인플라톤 요동의 세기 그리고 그 결과 우주에서 관측되는 모든 물질과 복사는 인플레이션 에너지의 세부적인 형태에 의해 결정된다. 문제는 인플레이션 패러다임에 수많은 종류의 모형이 있다는 것이다. 우주에서 관측되는 구조를 재현하는 적절한 퍼텐셜에너지를 찾아내는 일은 다양한 인플라톤 퍼텐셜에너지 중에서 하나를 골라 모형을 만드는 이론적인 작업이다. 물리학자들은 언젠가 임시방편적인 설계 대신 물리학 법칙에 기반해서 단 하나의 인플레이션 모형을 도출할 수 있기를 희망했다. 나는 이 문제에 흥미를 느꼈다.

유명한 인플레이션 모형들을 살펴보면서 나는 인플레이션 우주론의 반대자들이 무엇을 가장 불만스러워하는지 이해할 수 있었다. 만일 인플레이션 모형을 치밀하게 만들어서 정답을 낼 수밖에 없다면, 다시 말해 우리우주가 어떻게 지금처럼 절묘하게 균형 잡힌 형태로 탄생했는지 설명하기 위해 모형을 세밀하게 구성해서 적절한 양의 밀도섭동을 만들어야 한다면, 인플레이션은 우주를 시작하기엔 부자연스러운 방식이 아닐까? 관측 결과, 우리우주는 완벽한 정도의 밀도섭동을 겪었음이 밝혀졌다(밀도차가 10만분의 1밖에 되지 않는다). 다시 말해 우리우주는 별을 형성하고 무거운 원소와 인류의 생명을 만들 수 있을 만큼 충분히 오랫동안 평탄하게 유지되었다. 인플레이션 우주론 반대자들의 우려는 타당했다. 그들은 우리우주가 인플레이션을 시작한 초기의 작은 공간과 퍼텐셜에너지가 정확한 양의 섭동을 만들도록 신중하게 설계된 것처럼 보인다고 걱정했다. 즉 미세조정**Fine-tuning**을 거친 것처럼 보인다고 우려했던 것이다.

이 특별한 배치가 우주의 기원 문제의 핵심인 듯했다. 급팽창하는 우주가 태초에 특별하게 질서가 부여된 상태였다면, 엔트로피는 거의 0이어야 한다. 인플레이션이 일어날 가능성이 극도로 낮다는 뜻이다. 다시 말해, 인플레이션을 통해 우주가 탄생하려면 실제로 매우 특별한 초기 조건이 필요하다. 인플라톤 입자를 대가로 지불해서 이 모든 것을 가지려면, 즉 평탄한 우주에 적절한 양의 물질이 균일하게 흩어져 있도록 하려면 원시우주는 굉장히 높은 수준으로 질서가 부여된 독특한 상태였어야 한다.

바로 이것이 물리학자들이 직면한 딜레마이다. 인플레이션 우주론은 우주의 기원 이야기를 무척 매력적인 틀로 묶어 제공한다. 하지만 한 가지 가정을 전제로 한다. 우주가 절묘하게 매끄러운 작은 공간에서 높은 에너지를 갖고 미세하게 조정된 채로 시작되었다는 것이다. 그야말로 엄청난 가정이다. 왜냐하면 우주의 작동 원리에 관해 알려진 모든 것을 종합해볼 때, 엔트로피가 0에 가까운 이례적인 질서의 초기 맞춤 상태에서 우리우주가 시작되었을 가능성은 끔찍할 정도로 낮기 때문이다!

펜로즈는 1970년대에 이 당혹스러운 사실을 지적해서 큰 파장을 일으켰다. 펜로즈의 지적은 더 당혹스러운 함의를 낳았다. 우주가 그러한 상태에서 시작될 가능성은 그 어떤 사건보다 낮기 때문에, 아예 불가능하다고 생각되는 사건조차도 우리우주의 탄생보다 일어날 가능성이 높다는 것이었다.

우리 존재의 탄생 가능성이 낮다는 사실을 극적으로 느껴보려면 다음과 같이 으스스한 예시를 생각해보자. 텅 빈 공간에서 뇌가 자발적으로 형성되는 사건은 우리우주가 인플레이션으로 탄생하는 사건보다 (통계적으로 볼 때) 훨씬 가능성이 높다! 농담이 아니다. 극도로 낮은 가능성에 대한 이 흥미로운 설명은 '볼츠만 두뇌 역설Boltzmann brain paradox'이라고 불린다. 엔트로피 방정식을 고안하고 엔트로피와 확률의 관계를 발견해낸 볼츠만의 업적을 기리기 위해 붙여진 명칭이다. 실제로 표준우주모형은 정말 일어날 성싶지 않은 사건들(떠다니는 뇌를 포함한 모든 종류의 공상과학 같은 사건들)이 발생할 뿐만 아니라 지나치게 많이 일어나서 우리를 압도할 것이라는 결론으로 이어진다. 허공에 떠다니는 뇌는 터무니없는 발상으로 들리지만, 그런 뇌가 왜 존재하지 않는지에 대한 답은 그 어떤 물리학자도 답하지 못한다. 물론 이것은 아주 이상하고 터무니없는 예시이다. 그럼에도 인플레이션이 일어날 가능성이 극히 희박하다는 사실을 극적으로 보여준다.

몇몇 과학자들이 보기에, 인플레이션의 극히 희박한 가능성은 인플레이션 우주론을 폐기하고 새로운 우주론 모형으로 대체할 만한 충분한 이유가 된다. 반박의 여지는 있지만 나는 여전히 인플레이션 우주론이 옳다고 생각한다. 물론 불완전하지만 말이다.

더군다나 수년 동안 우주 진화의 모든 방면을 살펴보면서 나는 인플레이션 우주론을 폐기하는 것은 우주의 기원 문제에 대한 현명한 해결책이 아니라고 확신하게 되었다. 인플레이션 우주론은 모든 우주 관측 결과와 놀라울 정도로 잘 맞아떨어진다.

그동안 우주에 대한 이해 속에서 균열과 역설이 새롭게 드러났고, 그로 인한 압박이 점점 커지고 있었다. 우주의 기원 수수께끼로 모자라서 우주는 우리에게 또 다른 커브볼을 던지려 했다. 내가 아직 밀워키캠퍼스의 대학원생이었던 1998년, 저명한 천체물리학자 솔 펄머터Saul Perlmutter, 애덤 리스Adam Riess, 브라이언 슈밋Brian Schmidt이 깜짝 놀랄 만한 발표를 했다. 우주가 또다시 인플레이션, 즉 가속팽창을 겪고 있다는 것이었다!

우주에 다시 인플레이션을 일으키고 있는 에너지의 이름은 신비롭고도 불길하게 들린다. 바로 암흑에너지Dark energy이다. 암흑에너지는 이 시대 최고의 과학자들에게도 진정한 수수께끼로 남아 있다. 대학원 과정을 마칠 무렵 나는 이 문제에 특별히 매력을 느꼈다. 우주의 탄생을 향한 나의 깊은 관심은 우주의 종말을 숙고하면서 굳어졌다.

나는 이탈리아 피사의 고등사범학교Scuola Normale Superiore에서 2년간 박사후 연구원 생활을 하면서 오로지 그 문제에만 매달렸다.

고등사범학교는 지금껏 내가 근무했던 기관 중에서 가장 인상적인 곳이었다. 그곳의 풍부한 역사는 우주의 종말을 고찰하기에 안성맞춤이었다. 갈릴레오 갈릴레이Galileo Galilei는 물론이고, 위대한 핵물리학자 엔리코 페르미Enrico Fermi도 이 대학교의 신성한 복도를 거닐었다. 내 연구실에서 두 방만 지나가면 페르미가 사용한 연구실이 있었다. 연구실 창문 밖으로는 피사의 사탑까지 보였다.

암흑에너지는 '에테르Ether'와 비슷하다.* 암흑에너지는 수수께끼 같은 방식으로 진공에서 퍼져나와 우주의 모든 곳에 스며들고 시공간 구조 자체에 배어든 에너지이다. 암흑에너지는 인플레이션을 촉발한 에너지와 비슷하게 두 가지 특이한 성질을 지닌다. 에너지 밀도(단위 부피당 에너지 양)가 (거의) 일정하고, 그 에너지로 인해 생기는 압력이 음의 값을 가진다는 것이다. 암흑에너지의 특징인 에너지 밀도와 압력은 앞으로 우리우주에 무슨 일이 벌어질지 결정한다. 우주에 존재하는 암흑에너지의 총량은 우주 팽창

* 에테르는 과거에 빛의 매질로 여겨진 가상의 물질로, 공간 구석구석에 퍼져 있다고 여겨졌다. 하지만 빛은 매질을 필요로 하지 않는다.—옮긴이

의 속도를 결정하고, 암흑에너지의 압력은 팽창의 가속도(우주 팽창 속도가 증가하거나 감소하는 정도)를 결정한다.

암흑에너지의 총량은 우주가 팽창함에 따라 증가한다. 그러므로 우주가 팽창하면서 다른 모든 에너지의 원천이 몽땅 사라지면 우주에서 에너지는 오직 암흑에너지만 남게 된다. 그렇게 암흑에너지는 우주의 운명을 결정하는 궁극적인 심판자가 된다. 암흑에너지의 밀도는 대략 1전자볼트(일렉트론볼트)의 1000분의 1밖에 안 될 정도로 매우 작다. 이 수가 작아 보일지도 모르지만 속으면 안 된다. 오늘날 우리우주에 있는 에너지들 중에서 가장 양이 많은 에너지는 바로 암흑에너지이다.

관측 가능한 물질은 물리학 용어로 중입자 물질 또는 중입자(바리온Baryon)라고 부르는데, 우리가 바로 이 물질로 이루어져 있다. 중입자 물질에는 모든 양성자와 중성자가 포함되며, 우리 몸과 모든 생명체, 별과 행성, 은하와 은하단, 우주먼지Cosmic dust도 들어간다. 요컨대, 중입자 물질은 우리 주변에서 **볼 수 있는** 모든 물질이다. 중입자 물질의 양을 모두 더해도 우주에 존재하는 총 에너지 밀도의 5퍼센트가 채 되지 않는다. 암흑물질Dark matter(빛을 내지 않아 관측되지 않는 물질)은 우주에 존재하는 에너지의 약 20퍼센트를 차지하며, 놀랍게도 나머지 75퍼센트는 암흑에너지가 차지하고 있다.

기묘하게도 우리우주에는 태초에 (매우 조금이지만) 완벽하게 적당한 양의 암흑에너지가 있었기 때문에 모든 구조와 생명체가 출현할 정도로 우주가 충분히 오래 지속될 수 있었다. 아무도 답을 찾지 못한 당혹스러운 질문은 바로 이것이다. 암흑에너지의 양은 왜 0이거나 빅뱅 에너지와 똑같지 않을까?

암흑에너지의 발견은 또 다른 두 가지 난제로 이어졌다. 우리우주가 이 불가해한 에너지를 조금이라도 더 포함했더라면 물질이 뭉쳐서 별을 형성하기도 전에 너무 일찍 팽창했을 것이다. 그랬더라면 우주는 이미 수억 년 전 가속팽창 때문에 모든 구조가 산산조각 나서 단조로운 상태가 되었을 것이다. 어떻게 이토록 운이 좋을 수 있었을까?

두 번째 난제는 다음과 같다. 태초에 인플레이션을 일으킨 신비로운 에너지 원천과 마찬가지로 암흑에너지의 기원 또한 알려지지 않았다. 피사에 있을 때 나는 스페인 출신의 동료이자 친구인 마르 바스테로-힐Mar Bastero-Gil과 함께 암흑에너지 원천의 후보를 제시한 적이 있다. 우리는 암흑에너지가 텅 빈 시공간 또는 진공에서 일어나는 양자요동 속에 특정한 방식으로 저장되었을 수 있다고 주장했다. 하지만 이 글을 쓰고 있는 지금도 두 번째 문제는 여전히 수수께끼로 남아 있다.

암흑에너지에 관한 질문들에 답하지 못한다면, 미래의

우주가 어떻게 될지 명확하게 답하는 것은 불가능하다. 그 문제는 불확정성으로 가득 차 있는 셈이다. 차라리 이편이 나을지도 모르겠다. 왜냐하면 우주의 종말에 대한 가능성들은 그리 낙관적이지 않기 때문이다.

'암흑에너지 미래'는 어떤 모습일까? 알려진 바에 따르면, 암흑에너지는 창의적인 SF 작가들의 상상보다 더 충격적이고 다양한 재앙적인 우주 종말을 예고한다. 머지않아 암흑에너지가 우주에 남은 유일한 에너지가 되면(걱정하지 마시라. 우주론학자들은 수십억 년의 우주적 시간을 **머지않아**라는 말로 표현한다), 은하들은 서로 상호작용하지 못할 정도로 한순간에 분리될 수 있다. 각 지역에 머무는 은하(가령 우리 은하)는 다른 지역과 분리된 채로 제각기 독자적인 우주로 성장한다. 그러면 우주 사이의 거리가 너무 멀어서 빛보다 빨리 달리지 않는 한 서로에게 도달할 수 없다.

우주론학자들의 가설에 따르면, 우주가 최종적으로 죽음을 맞는 방식에는 적어도 세 가지가 있다. 우리우주가 영원히 가속팽창을 한다고 해보자. 그렇다면 별들과 은하들 사이의 거리가 너무 멀어져서 하늘은 텅 비고 온도도 거의 절대영도까지 떨어질 것이다.* 생명 현상은 나타나

* 절대영도는 절대온도 단위의 0도를 의미하며, 섭씨 −273.15도에 해당한다.— 옮긴이

지 않을 것이며, 나타난다고 해도 유지되지 못한다. 별빛은 우리에게 닿지 않고, 하늘 또한 텅 비어서 어둡고 차가울 것이다. 모든 생물은 결국 숨이 멎을 것이다. 그리고 시간 자체가 끝나기 직전, 우리우주 시계의 마지막 똑딱거림이 마지막 심장 박동이 될 것이다.

두 번째 가능성은 다음과 같다. 암흑에너지는 사실 진공에서 펴져나온 에너지(진공 에너지)가 아니라 인플라톤과 비슷한 입자일지도 모른다. 일시적으로 천천히 움직이면서 진짜 진공 에너지를 모방하는 입자일 수도 있다는 뜻이다. 그 입자는 언젠가 속력과 에너지를 바꿀지도 모른다. 만약 속력이 빨라지면 우주의 팽창을 역전시킬 수도 있다. 그러면 우주가 수축해서 점차 뜨거워지다가 불길 속에서 붕괴하고 만다.

마지막으로, 암흑에너지는 유령에너지Phantom energy가 될 가능성이 있다. 유령에너지는 걷잡을 수 없이 격렬해진 에너지라고 할 수 있다. 이 시나리오에 따르면, 은하와 별과 원자 그리고 최종적으로는 우주의 시공간 자체가 찢어지고 만다. 설상가상으로 이 과정이 가속화되면 우주 전체가 300억 년이라는 비교적 짧은 시간 안에 갈가리 찢어질 것이다.

물론 우주의 운명을 단정하기엔 아직 이르다. 하지만 우리의 끝이 시작과 밀접하게 뒤얽혀 있다는 것만은 분명하다. 왜냐하면 인플레이션 에너지와 암흑에너지가 함께 우리우주를 가속팽창으로 이끌었기 때문이다. 두 에너지 모두 태초부터 우주의 성장을 지배해왔고 마지막 순간까지 지배할 것이다. 우리우주가 살아남기 위해서는 처음부터 두 에너지가 딱 알맞게 조정되었어야 한다. 그렇지 않았더라면 물질은 뭉치지 않았고 별도 형성되지 않았으며 우리도 존재하지 않았을 것이다. 그리고 수십억 년 전에 이미 우주의 시공간이 찢어지고 말았을 것이다.

우주의 기원과 종말이 모두 동일한 근원적 수수께끼에 달려 있다는 사실이 밝혀지면서 과학자들은 우주의 기원에 다시 관심을 기울였다. 다시 말해, 인플레이션의 첫 단계를 일으켜서 우주를 탄생시킨 것과 똑같은 유형의 에너지가 우주의 끝 무렵 인플레이션의 마지막 단계를 촉발하리라는 사실이 밝혀진 것이다. 게다가 우주 인플레이션과 관련된 여러 문제에 암흑에너지의 존재까지 더해졌다. 물리학자들이 무시하기에는 너무 중요한 도전이 우주의 기원 이야기에 제기된 것이다.

2000년대 초에 과학자들이 두 가지 근원적인 수수께끼(우주의 탄생과 종말)에 직면하면서 우주론은 황금기를 맞았다. 해결책을 찾아야 할 거대한 문제의 시대가 도래한 것이다. 운 좋게도 내가 과학자로서 본격적으로 연구 경력을 다지기 시작한 것이 그때였다. 동료들과 마찬가지로 나는 연구에 착수하고 싶어 몸이 근질거렸다.

물리학자들은 사고실험을 통해 신처럼 행동하는 일에 굉장히 능숙하다. 우리는 실험실에서 빅뱅-인플레이션 폭발을 재현해 우주를 만들 수가 없다. 그리고 시간을 거슬러 가서 빅뱅 이전에 무엇이 있었는지 살펴볼 수도 없다. 그러므로 우리의 생각 자체가 우주의 실험실이 된다. 우리는 수학과 자연법칙 그리고 천체물리학적 관측이라는 엄격한 제약 속에서 가능한 모든 시나리오를 사고실험의 형식으로 상상하고 면밀히 조사해 판단을 내린다. '펜과 종이'를 사용하는 이론물리학자답게, 나는 기존의 사고실험을 분석하고 새로운 사고실험을 여럿 제안하면서 연구에 착수했다.

첫 번째 우주 탄생 사고실험에서는 우주의 엔트로피가 현재는 상당히 높지만 태초에는 거의 0이었다는 펜로즈 정리에 의존했다. 나는 현재의 우주처럼 엔트로피가 높고 모든 구조가 이미 존재하는 거대한 우주에서 모든 것이 시작되는 모습을 상상했다. 작은 우주에서 시작해 쾅 하고 폭발해서 별과 은하(그리고 우리)의 구조를 형성하는 수고를 거치는 것보다 실현 가능성이 훨씬 더 높지 않을까?

나는 이 예시를 좀 더 비틀었다. 똑같이 거대한 상태로 시작했지만 팽창하는 대신 계속 줄어들어서 한 점으로 함몰되는 또 하나의 특별하지 않은 우주를 떠올린다면 어떨까? 이 새로운 우주는 다음과 같이 간단하게 만들 수 있다. 우리우주에서 시간의 방향(열역학 제2법칙)을 역전시키고, 미래를 현재와 바꾸고, 높은 엔트로피 상태의 현재 우주를 낮은 엔트로피 상태의 138억 년 전 과거 우주로 맞바꾸는 것이다.

이런 교묘한 수법으로 우주의 기원 문제를 해결할 수 있을까? 높은 엔트로피 상태로 시작되는 우주는 우리가 살고 있는 실제 우주보다 발생 가능성이 더 높을까? 안타깝게도 그렇지 않았다. 그렇게 쉬운 일이 아니다! 엔트로피가 높고 큰 크기에서 시작한 새로운 우주는 엔트로피가 낮고 작은 크기에서 시작한 우리우주만큼이나 발생 가능성이 희박했다. 그 이유는 간단하다. 열역학 제2법칙에 따르면 우주의 엔트로피는 시작한 상태를 기점으로 계속해서 증가한다. 1장에서 살펴보았듯이 볼츠만은 우주가 자발적으로 탄생할 확률의 척도가 바로 우주의 엔트로피임을 가르쳐주었다. 따라서 우주의 엔트로피가 현재보다 탄생 당시에 더 작았다면, 우주가 존재할 확률도 낮을 수밖에 없다.

그래, 이 새로운 우주모형으로는 우리우주의 발생 가능성이 낮다는 문제를 해결할 수 없겠어. 나는 생각했다. 그렇다면 또 다른 가능성은 어떨까? 큰 우주에서 작은 우주로, 작은 우주에서 다시 큰 우주로 영원한 주기를 반복하며 계속 되튕기는 우주라면? 우주의 시작과 끝을 무엇으로 정해야 할지 결코 알 수 없기 때문에 열역학 제2법칙을 피할 수 있지 않을까? 우주가 한 번 튕기고 다시 튕길 때까지의 주기는 모두 동일하다. 그러한 우주에서는 높은 에너지의 초기상태와 낮은 에너지의 최종상태를 선택할 수 있는 자유가 주어진다. 우리는 우주의 시작점을 다음처럼 정해볼 수 있다. 한 주기의 끝에서 우주가 막 함몰되기 시작한 순간일 수도 있고, 이제 막 튕겨서 다시 작게 시작한(그리고 다음 주기 동안 성장할) 순간일 수도 있으며, 주기를 절반 마친 순간일 수도 있다.

이런 모형은 실제로 존재한다. 하지만 앞의 모형과 마찬가지로 열역학 제2법칙 앞에서 굴복하고 만다. 그 어떤 우주모형도 절대 시간이 지남에 따라 엔트로피가 감소할 수는 없다. 즉, 우주는 무질서한 상태에서 질서 있는 상태로 자발적으로 재편될 수 없다.

사고실험을 수행하면서 내가 배운 것은 다음과 같다. 사고실험을 통해 우리가 우주를 어떻게 시작하는지는 중요하지 않다. 우리의 우주가 어떤 종류인지도 중요하지 않다. 우리는 여전히 우주의 기원이 특별하다는 결론을 내리게 된다. 우리우주는 낮은 엔트로피 상태로 시작해 탄생 확률이 낮은 유일한 우주가 아니었다. 열역학 제2법칙에 따르면, **모든** 우주가 그처럼 특별했다.

지금까지 설명한 사고실험을 통해 오히려 나는 해결책에서 멀어졌다. 하지만 그런 추론에 기반한 기존 모형이 너무 순진하다는 사실은 깨달을 수 있었다. 엔트로피의 절대적인 척도 같은 것은 우주에 존재하지 않는다. 엔트로피는 오직 다른 엔트로피 상태와 비교해서만 높거나 낮다. 나는 열역학 제2법칙을 단일우주에 적용했고, 그 결과 기존의 모형들은 전부 실패하고 말았다. 어느 새로운 우주에서 시작하든, 엔트로피는 미래로 갈수록 증가할 것이다.

우리가 우주 탄생의 첫 순간을 언제로 정하든, 엔트로피는 시작된 순간부터 증가할 것이며 앞으로도 계속 증가할 것이다. 엔트로피가 증가할수록 무질서도와 '누락된(숨겨진)' 정보의 양도 시간이 지나면서 증가한다(앞서 살펴보았듯 볼츠만에 따르면 엔트로피는 특정한 미시상태 집합에 포함된 미시상태 정보가 누락되어 있는 정도이다). 그렇다면 되튕기는 우주의 주기는 (시간적인 의미에서는 똑같을지 몰라도) 사실 똑같을 수 없다. 각 주기마다 고유한 개성을 가진 셈이다. 각 주기를 거칠 때마다 엔트로피가 증가하기 때문에, 동일한 주기의 우주를 만드는 것은 불가능하다. 우주는 이전 주기에서 손실된 모든 정보를 다음 주기에서 복구할 수 없다. 엔트로피 증가로 손실된 정보는 영구적으로 사라진다. 엔트로피는 과거에서 미래로 갈수록 비가역적으로 증가한다.

그러므로 되튕기는 우주의 주기들은 서로 동일하지도 않고 가역적이지도 않다. 그리고 열역학 제2법칙 또는 비가역적인 시간의 화살(과거에서 미래로 향하는 시간의 화살)을 피할 수도 없다.

이러한 사고실험 덕분에 나는 연구에서 전환점을 맞았다.

사람들이 사고실험에서 무엇을 떠올렸든 간에 나는 단일우주가 탄생할 가능성은 일반적으로 매우 낮다고 결론지었다. 우주가 어떻게 시작되고 진화하든, 우주는 언제나 무질서를 향해 나아간다. 우주가 팽창하든 수축하든 되튕기든 최종상태에서 갈가리 찢어지든 모두 마찬가지다. 우주의 미래는 항상 과거보다 무질서하다. 엔트로피는 반드시 증가하기 때문이다. 그렇기에 "엔트로피는 항상 증가한다"는 열역학 제2법칙이 모든 자연법칙 중에서 가장 중요한 위치를 차지하는 것이다. 어떤 우주를 어떻게 시작하든, 탄생 가능성이 낮다는 문제는 여전했다.

이렇게 추론한 끝에 나는 우주를 해체하고 다시 조립한다고 해서 그 기원을 밝힐 수는 없다는 것을 확신하게 되었다. 어떤 종류의 우주를 만들더라도 탄생 가능성이 낮다는 문제를 피할 수 없었다. 모든 모형은 실패로 끝났다. 하지만 적어도 가능성을 좁히고 무엇이 유효하지 않은지 파악하는 데는 도움이 되었다.

이 모든 사고실험의 공통점은 단일우주의 엔트로피를 비교했다는 것이다. 나는 생각했다. 사고실험이 열역학 제2법칙에 부딪혀 우주의 기원을 설명하는 데 계속 실패하는 이유는 우주가 단 하나밖에 없다는 가정 때문이 아닐까? 단일우주 가정이 문제였던 것이다. 나는 궁금했다. 물리학자들은 왜 계속 그 가정을 고수하는 걸까? 그 가정을 포기하면 어떻게 될까?

20세기에 활동한 대부분의 물리학자에게 단일우주가 얼마나 매력적으로 보였는지는 과소평가하기 쉽다. 과학의 아름다움은 방정식의 논리 구조에 담긴 단순성에 있다. 동시에 과학의 가치는 어떤 물체(이 경우에는 우주 전체)에 어떤 일이 일어날지 확실하게 말할 수 있는 예측 능력에 있다. 단 하나의 통일된 이론으로 단일우주를 서술한다는 것은 단순성과 예측 가능성을 모두 제공했다. 과학자들의 두 가지 기본적인 열망을 충족해준 것이다.

단 하나의 법칙에 지배되는 단일우주를 향한 열망은 플라톤까지 거슬러 올라갈 정도로 오래된 경향이다. 훨씬 더 최근의 사례는 다름 아닌 아인슈타인이다. 그는 단 하나뿐인 '모든 것의 이론Theory of everything'을 찾으면서 말년을 보냈다. 그는 그 이론이 우주의 기원부터 궁극의 종말까지 우리우주 전체를 포괄하는 단 하나의 법칙 설명서가 되어

주리라 기대했다.

우주의 기원 문제를 천천히 파헤치면서 나는 물리학계에 널리 퍼진 대부분의 아이디어가 고대 철학의 초기 아이디어와 기본적으로 다르지 않다는 사실을 알게 되었다. 기원 문제를 해결하려 했던 기존의 시도들은 결국 실패한 터였다. 너무 깊이 파고들기 전에, 다른 연구자들의 관점을 이해하는 것이 중요하다는 생각이 들었다. 과학자들이 '모든 것의 이론'으로 포장된 단일우주라는 틀로 계속 회귀하는 이유는 무엇일까? 혹은 그 문제를 완전히 외면하고 있는 이유는 무엇일까? 나는 그것이 이른바 '단일우주 학파'의 오래된 역사 때문이라고 생각했다.

어떻게 접근해야 될지는 알 수 없었지만, 수수께끼를 풀기 위해서는 다른 접근 방식이 필요하다는 것만은 분명했다. 만일 낮은 탄생 확률이 모든 우주의 공통점이라면, 이 문제에 대한 이해에서 매우 기본적인 무언가가 빠져 있는 것이 틀림없었다. 그것은 도대체 무엇이었을까?

5장

—

우리는 혼자인가?

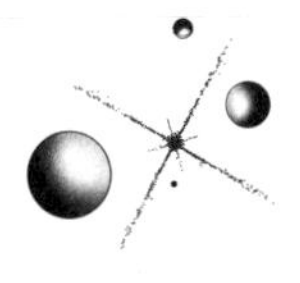

21세기가 시작될 무렵 이론물리학계의 열띤 분위기는 아버지가 두 번째로 유배를 떠났을 때 우리 가족이 겪었던 절망감과 불확실성을 떠올리게 했다. 1970년대에 중국에서 유입된 문화대혁명의 여진이 당시 알바니아를 뒤흔들고 있었다. 아버지는 알바니아 과학원에서 과학자로 일하고 계셨다. 아버지는 통계학을 바탕으로 삼림 관리와 수력발전 등의 어려운 문제들을 연구하셨고 그 결과는 일부 동료들의 질투를 불러일으켰다. 그들은 아버지의 약점을 노림으로써 복수할 수 있었다. 그 약점은 우리 가족의 역사인 '부정한 이력'이었다.

이후 아버지는 알바니아 남부의 외딴 산골 마을인 두카트의 협동조합에서 일하게 되었다. 그때 아버지는 우리의 안전을 염려한 나머지 거짓말까지 하셨다. 자칫 잘못하면 자신의 신변이 위태로워질 수 있는데도. 당시 알바니아의 현실이 그랬다.

아버지가 두 번째 유배를 떠나 있는 동안, 정부는 알바니아 작가 및 예술가 연맹에서 어머니의 파일을 탈취해 아버지가 추방당한 외딴 산골 마을로 보냈다(모든 알바니아인에게는 삶과 행적이 기록된 파일이 있었다). 몇 달간 어머니는 티라나 사무실의 짐을 싸서 가족을 데리고 남편을 따라 외딴 시골로 가라는 압박을 매일같이 받았다. 어머니의 파일이 두카트로 이관되자 남편과 합류하라는 요구는 공식 명령으로 격상되었다. 아내와 두 아이가 유배를 가야 할지도 모른다는 생각에 겁에 질린 아버지는 어머니에게 자신을 고발하고 이혼해달라고 간청했다. 정부에 보여주기 위해서였다. 그것은 어머니가 '당의 적'과 빠르게 거리를 두고 티라나에서 동생과 나를 지킬 유일한 방법이었다. 하지만 어머니는 그럴 생각이 없었다. 아버지는 외할머니에게 딸을 설득해달라고 부탁했다. 마침내 두 사람은 어머니의 고집을 꺾었다. 어머니가 마지못해 동의했던 것이다.

아버지가 잠깐 집에 방문했을 때, 나는 부모님과 외할머니와 함께 법원으로 향했다. 어머니는 남편이 자신을 때렸다고 거짓말을 하기로 했다. 그게 이혼을 할 수 있는 가장 빠른 방법이었다. 어느 여성 판사가 사건에 배정되었다. 어머니는 판사실로 들어가 말했다. "남편이 저를 때렸어요. 저랑 같이 왔으니 직접 물어보세요. 이혼하고 싶습니다."

하지만 어머니가 그 말을 꺼낸 순간, 간단해 보였던 해결책이 무너지고 말았다. 판사는 아버지의 어린 시절 친구였고 아버지를 흠모하고 있었다. 몹시 분노한 판사는 판사석에 앉아 어머니를 빤히 내려다보며 소리를 질렀다. 자기가 그 사람의 성품을 아는데 절대 누군가를 해칠 사람이 아니라면서. "당신, 뭐 하는 여자입니까? 그 사람은 파리 한 마리도 못 죽인다고요! 고약한 거짓말이군요. 어떻게 감히! 당신의 거짓말로 남편이 어떤 곤경에 처하게 될지 알기나 합니까? 가뜩이나 어려움에 처한 사람인데. 당장 나가요!"

처음부터 이 계획에 동의하지 않았던 어머니는 눈물을 흘리며 법원 밖으로 도망치듯 뛰쳐나왔다. 우리는 어머니를 붙잡기 위해 달려야 했다. 이혼 계획은 실패로 끝났지만, 결국 부모님만의 작고 진실한 우주가 승리를 거뒀다. 몇 달 뒤에 아버지는 티라나로 돌아왔고, 우리 가족은 모두 함께 지내게 되었다.

이 기억이 다시 떠오른 것은 몇 년 후였다. 그때 나는 우주 탄생의 의문을 풀기 위해서 완전히 다른 사고방식이 필요하다고 생각하고 있었다. 우리가 문제라고 생각한 것, 즉 가능성이 극히 낮은 우주의 탄생 이야기가 사실 진짜 문제가 아니라면 어떨까? 내가 수많은 사고실험에서 찾아낸 역설에 그 해결책이 일부 숨겨져 있으리란 생각이 들었다. 그 역설은 아무리 많은 종류의 우주를 상상하더라도 우주의 특별한 기원과 낮은 가능성의 문제는 남아 있다는 것이다. 그렇다면 이 모든 우주모형은 서로 아무리 달라도 논리적 결함은 똑같다는 뜻일까?

머지않아 한 가지 아이디어가 떠올랐다. 하지만 그 아이디어를 추구하려면 단일우주를 통일 이론으로 서술하는 과학계의 전통적 사상과 결별해야 했다. 21세기 물리학의 세계에서 그건 이단이나 다름없었다.

2004년에 노스캐롤라이나대학교 채플힐캠퍼스로 적을 옮기면서 나는 본격적으로 우주의 기원 문제를 연구하기 시작했다. 나는 우주의 궁극적인 이론이 어떤 모습이어야 한다는 선입견이 없었다. 이것이 나의 장점이었다. 더군다나 나는 우주의 기원에 대한 탐구가 어디로 이어질지도 섣불리 예단하지 않았다.

그 무렵 나는 기존의 우주모형과 그에 기반한 계산이 (그것들이 유망했든 결국 실패했든) 전부 똑같은 기본 가정에서 출발한다는 사실을 깨달았다. 바로 **단 하나의 우주만 존재한다**는 것이었다.

물리학자들은 우리우주를 제외한 다른 우주의 존재 가능성을 부정함으로써 처음부터 우리우주를 '특별한' 존재로 만든 것일지도 몰랐다. 어쩌면 우리는 그동안 잘못된 질문을 던진 것 아니었을까? 무엇보다, 우리가 고려할 수 있는 것이 **단일우주**밖에 없다면 우리가 왜 **이런 우주**에서 시작했는지 어떻게 물을 수 있겠는가?

나는 점점 더 확신했다. "우리는 왜 이런 우주에서 시작했는가?"라는 질문은 오직 가능한 시작점이 다양할 때에만 논리적으로 타당하다고 말이다. 다시 말해, 다양한 원시우주가 있고 그중 하나가 우리우주로 변했어야 한다. 그렇지 않다면 답은 뻔할 것이다. 이런 우주가 존재하는 이유는 그것이 유일한 우주이기 때문이라는 대답. 그것뿐이다.

처음부터 나는 다중 원시우주 기원 가설이 마냥 터무니없진 않더라도 인기 없는 아이디어가 되리라 예상했다. 단일우주는 고대부터 우주를 이해하려는 모든 노력에 의해 주도적으로 형성된 철학적 개념이었다. 현대에 이르러 그 믿음은 아인슈타인의 휘어진 시공간 중력 이론(눈에 보이는 거시 우주를 지배하는 이론)과 양자론(눈에 보이지 않는 미시 우주를 지배하는 이론)을 통일해 모든 것의 이론을 만들려는 광범위한 과학적 노력으로 구체화되었다. 모든 것의 이론은 우리우주의 작동 원리를 남김없이 설명하는 과학 모형이 될 것으로 기대됐다. 모든 것의 이론으로 단일우주를 서술한다는 생각은 플라톤과 아리스토텔레스부터 아인슈타인과 스티븐 호킹까지 계보가 끊이지 않았다고 볼 수 있다. 그러한 흐름에 반대하는 것은 3000년에 걸쳐 활동했던 철학과 과학의 거인들을 거스르는 일이나 다름없었다.

내가 이 문제를 처음 마주한 사람은 아니었다. 양자역학의 창시자들도 슈뢰딩거 방정식을 풀면서 나와 똑같은 답, 즉 단 하나가 아닌 여러 개의 우주라는 답을 얻었다. 그럼에도 그들 중 일부는 새로운 양자론이 결정론적 단일우주라는 답을 내놓게 하려고 최선을 다했다. 그 방법은 매우 창의적이었다.

앞서 살펴보았듯이 슈뢰딩거 방정식의 해는 양자입자가 다양한 경로를 따를 수 있다는 사실을 보여주었다. 입자가 어떤 경로를 선택할지는 미리 알 수 없으며 각 경로마다 고유한 발생 확률을 가진다. 여기서 양자입자가 원시우주라면 어떨까? 방정식에서 도출되는 해의 집합은 다양한 원시우주가 존재할 가능성을 의미할 것이다. 그리고 그 원시우주들은 제각기 고유한 존재 확률을 가질 것이다. 왜냐하면 파동-입자 이중성을 바탕으로 각각의 파동 해를 고유한 원시우주로 생각할 수 있기 때문이다.

이렇게 각각의 파동 해는 고유한 확률을 가진 원시우주에 해당한다. 이제부터 그 해들을 '파동-우주 해Wave-universe solution'라고 부르자. 8장에서 자세히 설명하겠지만, 슈뢰딩거 방정식과 비슷한 '휠러-디윗 방정식Wheeler-Dewitt equation'이라는 것이 있다. 이 방정식에서 도출되는 파동-우주 해의 집합을 '우주 파동함수Wave function of the universe'라고 하며, 각각의 파동-우주 해는 우주 파동함수에 한 갈래로 포함된다.

양자론 창시자들에게 질문은 이제 다음과 같이 바뀌었다. 다양한 파동-우주 해 중에서 어떤 것이 진짜 해인가? 단순히 마음에 드는 해를 제외한 나머지를 모두 폐기한 뒤 남은 해를 정답으로 제시하는 것은 너무나 자의적으로 보였다. 그렇다고 모든 해를 유지한다면 그건 무슨 의미일까? 그리고 그중에서 '진짜' 우주를 확인할 방법은 무엇일까? 그 질문들의 답은 아무도 알지 못했다. 왜냐하면 슈뢰딩거 방정식과 하이젠베르크의 불확정성 원리는 수많은 해 중에서 단 하나의 '유효한' 원시우주를 골라내는 선택 기준을 제공하지 않았기 때문이다.

닐스 보어는 슈뢰딩거 방정식에서 도출된 양자 원시우주 집합에서 어떻게든 **단 하나의** 거대한 우주를 찾아내야 한다고 단언했다. 그러지 않으면 물리학의 예측 가능성은 전부 사라질 것처럼 보였기 때문이다. 하지만 우주 복권의 당첨자를 어떻게 찾아낼 수 있을까? 보어는 가상의 독립적인 심판을 도입하자고 제안했다. 그 심판은 우주 파동함수를 관측하고 수많은 확률파동 중에서 **단 하나**의 해에 우호한 판결을 내린다. 양자입자가 어떤 경로를 따랐는지를 심판이 관측했다고 해보자. 보어의 주장에 따르면, 이제 우리는 파동 해 집합 중에서 그 입자가 진짜라는 것을 100퍼센트 확신할 수 있다. 왜냐하면 방금 그 입자가 존재하는 것이 관측되었기 때문이다. 이제 그 밖의 다른 해들은 버리면 된다.

보어의 해결책은 파동함수의 '붕괴Collapse'로 불리는데, 우주 파동함수를 이루는 해의 집합에서 한 갈래만 남고 다른 갈래는 전부 사라지기 때문이다. 이런 방식으로 전체 파동함수는 한 갈래로 축소된다. 다시 말해, 수많은 선택지가 단일한 선택지(살아남은 갈래)로 '붕괴'한다. 보어의 설명은 많은 사람에게 그럴듯하게 들렸다. 실제로 보어의 파동함수 붕괴는 수십 년간 이론물리학계를 주도했다. 오늘날 물리학계에도 여전히 소수의 옹호자들이 남아 있다. 하지만 나는 그 일원이 아니다. 이제 그 이유를 설명하고자 한다.

하이젠베르크는 보어의 제안에 대부분 동의했다. 실제로 그는 양자물리학에 대한 보어의 공헌을 '양자역학의 코펜하겐 해석'이라고 명명하기도 했다. 하이젠베르크는 1924년 시카고에서 열린 한 강연에서 다음처럼 말했다. "확률파동은 어떠한 경향을 의미합니다. 아리스토텔레스 철학의 가능태Potentia라는 오래된 개념을 양적으로 표현한 것이죠. 확률파동은 사건이라는 관념과 실제로 일어난 사건 사이에 무언가를 집어넣었습니다. 그것은 가능과 실재의 정중앙에 위치한 기묘한 종류의 물리적 실재입니다." 하이젠베르크와 보어의 말대로라면 다양한 가능성은 관찰되는 순간 단일한 실재로 변한다.

눈으로 볼 수 있는 드넓은 세상에서 우리는 질문에 대한 정답이 딱 하나뿐인 것에 익숙해져 있다. 보어와 플랑크, 슈뢰딩거와 아인슈타인이 이루고자 했던 목표가 바로 그런 것이었다. 수많은 양자 불확정성이 도사리는 가운데, 결정론이 지배하는 고전적인 단일우주, 즉 단 하나의 파동함수를 찾아내는 것. 앞서 설명했듯이 보어는 관측으로 찾아낸 하나의 파동함수만 제외하고 나머지 모든 파동함수는 실제 입자나 우주와 일치하지 않는다고 주장했다. 그의 주장은 모든 것이 100퍼센트 확실하게 결정되는 눈에 보이는 세계를 떠올리게 했다. 하지만 보어의 해결책은 한 가지 중요한 측면에서 실패했다. 보어가 제안한 실재의 모형은 아인슈타인과 슈뢰딩거에게 가장 중요했던 것, 즉 **객관적** 실재를 제공하지 못했다. 보어의 관점에 따르면 기존의 관찰자가 아닌 또 다른 관찰자는 똑같은 입자를(또는 똑같은 입자 무리를) 관측하고도 다른 결과를 100퍼센트 확실하게 얻을 수 있다. 서로 다른 관찰자가 똑같은 입자를 관측하고 다른 결과를 도출할 수 있다는 뜻이다. 게다가 각 관찰자는 자신의 결과가 진짜라고 확실하게 주장할 수 있다. 그들의 말은 모두 맞다. 그렇다면 이것은 주관적인 실재가 아니겠는가?

보어의 파동함수 붕괴는 또 다른 '죄'도 저질렀다. 바로 이중잣대를 적용했던 것이다. 그의 관점에서 관찰자는 양자적 대상이 아닌 눈에 보이는 커다란 존재로 취급되었다 (관찰자가 반드시 인간일 필요는 없다). 그 관찰자는 모든 문제의 답이 하나밖에 없는 고전물리학 세계의 일원이다. 그렇다면 보어의 파동함수 붕괴는 결정론적인 고전물리학을 비결정론적인 세계와 뒤섞어놓은 셈이다.

이러한 이중잣대가 왜 문제가 되는지 이해하기 위해 다음과 같은 상황을 상상해보자. 지구의 법정에서 어떤 판사(관찰자)들이 인간의 '양자입자' 분쟁에 판결을 내리고 있다. 그들은 외계 문명에서 왔는데, 그 외계 판사들이 바로 독립적인 관찰자인 셈이다. 하지만 **외계인**이 **인간**을 상대로 판결을 내리게 되면 인간들은 외계인의 법과 판결에 맞춰 지구의 법과 판결을 수정해야 한다. 마찬가지로 작은 양자입자가 커다란 고전적 관찰자에 의해 판결을 받는다면 양자입자는 커다란 고전입자가 되어 그처럼 행동해야 할 것이다.

양자역학의 코펜하겐 해석에는 이렇게 고전·양자 불일치라는 문제가 있다. 하지만 우주론에서 관찰자가 어떤 역할을 하는지는 지금까지도 논쟁의 여지가 있다. 문제는 여기서 끝나지 않았다. 관찰자에 의해 운영되는 세계를 만들려는 보어의 노력을 궁극적으로 훼손한 것은 고전·양자 불일치가 아니었다. 그것은 오스트리아의 물리학자 에르빈 슈뢰딩거가 제안한 사고실험이었다. 그렇다. 본인의 이름이 붙은 방정식을 만들어 양자역학의 토대를 세운 바로 그 사람이다.

아인슈타인과 보어와 플랑크가 그랬던 것처럼, 슈뢰딩거는 양자론의 원리에서 단일한 고전세계를 이끌어내고 싶어 했다. 하지만 보어가 임의적인 관찰자에게 세계의 실재를 결정할 권한을 줌으로써 신과 같은 지위를 부여한 것에는 분개했다. 슈뢰딩거는 이 문제와 역설에 대해 아인슈타인과 다양한 의견을 주고받았고, 1935년에 사고실험 하나를 떠올렸다. 그 실험은 '슈뢰딩거의 고양이'라고 불린다. 파동함수 붕괴의 결점을 강조하기 위해 고안된 이 실험은 대중문화에서 가장 유명한 사고실험이 되었다.

슈뢰딩거가 사고실험에서 상상한 것은 다음과 같다. 한 시간 뒤에 붕괴할 수도 있고 붕괴하지 않을 수도 있는 소량의 방사성 물질이 망치와 독이 든 플라스크와 함께 상자 속에 들어 있다. 그리고 그 상자에 고양이 한 마리도 갇혀 있다. 방사성 물질이 붕괴하면 망치가 작동해서 독이 든 플라스크를 깨뜨리고 결국 고양이가 죽게 된다. 한 시간이 지나면 관찰자는 상자를 열어서 고양이가 죽었는지 살았는지 확인한다. 방사성 물질이 붕괴했다면 고양이는 죽었을 것이고, 붕괴하지 않았다면 여전히 살아 있을 것이다. 죽은 고양이와 산 고양이는 모두 고양이를 서술할 수 있는 가능한 상태(파동함수)이다. 각각의 상태가 진짜일 확률(관찰될 확률)은 50퍼센트이다.

슈뢰딩거는 이렇게 주장했다. 파동함수 붕괴를 바탕으로 추론하면, 우리는 상자를 열기 전까지 어떤 고양이 상태를 발견할지 알 수 없다. 따라서 관찰되기 전의 고양이는 두 상태가 중첩된 채로 존재해야 한다. 상자 안에서 죽어 있는 동시에 살아 있을 수 있다는 뜻이다. 상자를 열어본 관찰자만이 고양이가 어떤 상태인지 확실히 알 수 있다. 보어의 용어를 빌리면, 관찰자는 중첩된 파동함수를 단 하나의 선택지로 붕괴시킨다. 파동함수가 붕괴되면 고양이는 100퍼센트의 확률로 살아 있거나 100퍼센트의 확률로 죽어 있다. 따라서 일단 관찰만 되면 고양이는 더 이상 죽은 동시에 살아 있는 양자 상태에 머물러 있지 않고 갑자기 하나의 상태로 고정된다.

슈뢰딩거는 중첩된 확률파동 중에서 관찰자가 하나의 해를 골라내는 것이 얼마나 터무니없는지를 역설을 통해 보여주고자 했다. 만일 고양이가 산 채로 발견되었다고 해보자. 그렇다면 관찰되기 1초 전의 고양이가 어떻게 반은 죽고 반은 산 채로 또는 완전히 죽은 채로 있을 수 있겠는가? 오스트리아 출신 물리학자의 사고실험은 효과가 있었다. 아인슈타인은 슈뢰딩거의 역설을 무척 좋아한 나머지, 극적인 효과를 내기 위해 독 대신 화약으로 고양이를 산산조각 내는 것은 어떠냐고 제안했다. 아인슈타인의 제안을 받아들이면 역설은 한층 더 극적으로 변한다. 상자 안의 고양이가 어떻게 살아 있으면서도 산산조각 난 채로 존재할 수 있겠는가? 고양이가 산 채로 발견되는 순간, 방금 폭발한 고양이 조각들이 갑자기 살아 있는 고양이로 재조립되기라도 한단 말인가?

아인슈타인과 슈뢰딩거는 불운한 고양이를 증거로 삼아서 우주가 단 하나이며 결정론적이라는 확고한 신념을 유지했다. 그렇다면 우리우주가 따르는 일련의 규칙(자연법칙)은 관찰자와 무관하게 존재할 것이다. 그들의 신념이 맞다면, 우주의 과거를 탄생의 순간까지 재구성한 뒤에 미래를 예측할 수도 있을 것이다. 이제 남은 일이라곤 그 규칙들을 알아내는 것뿐이다!

아인슈타인과 슈뢰딩거는 우주의 기본 이론이 적힌 규칙서를 찾기 위해 평생을 바쳤다. 자연에 존재하는 모든 힘을 통일함으로써 우주의 과거와 미래, 기원과 운명의 확정성을 회복하고 질서를 강화하고자 했다. 단일우주를 위한 모든 것의 이론은 양자론의 비결정론적 세계가 제시하는 '위험한' 확률을 대체할 것이었다. 이것은 시급하고 매력적인 목표였다. 이미 그들의 손아귀에 들어 있는 것처럼 보이기도 했다. 어쨌든 이전 세기에 맥스웰이 전기력과 자기력을 전자기 이론으로 우아하게 통일했으니 말이다. 그 작업을 나머지 힘으로 확장하는 것이 어려워 봤자 얼마나 어렵겠는가?

하지만 알고 보니 모든 것의 이론을 찾는 작업은 그 누구의 예상보다 어려웠다. 얼마나 어려웠냐면, 아인슈타인과 슈뢰딩거가 목표를 달성하기 위해 경쟁하는 과정에서 아인슈타인이 슈뢰딩거를 표절로 고소할 뻔해 사이가 나빠질 정도였다. 노벨상을 수상한 양자물리학자 볼프강 파울리Wolfgang Pauli가 말리지 않았더라면 아인슈타인은 정말 고소했을지도 모른다.

양자론의 선구자들은 통일 이론을 찾지도, 파동함수를 성공적으로 붕괴시키지도 못했다. 그러나 그들의 실패에는 성공의 역사가 숨어 있었다. 그들의 연구가 쌓아올린 지적 토대에서 검증 가능한 다중우주 이론의 탐구가 시작되었던 것이다.

아인슈타인과 슈뢰딩거의 시행착오가 없었다면, 또 비슷한 시기에 활발하게 연구했던 또 다른 젊은 물리학자의 연구가 없었다면 나는 나만의 이론을 구상할 수도 발전시킬 수도 없었을 것이다. 하지만 그 대담한 젊은 과학자의 이야기는 주류 이론물리학에서 너무 멀리 벗어날 경우 어떤 대가를 치러야 하는지 똑똑히 보여준다.

휴 에버렛 3세는 1953년에서 1956년까지 아인슈타인의 오랜 고향인 프린스턴대학교의 대학원생이었다. 당시 젊은 과학자였던 그는 저명한 이론물리학자 존 휠러와 함께 연구하고 있었다. 존 휠러는 닐스 보어의 학생이자 친구였으며 공동 연구를 하기도 했다(휠러는 제2차 세계대전이 끝날 무렵 처음으로 원자폭탄을 만드는 데 성공한 맨해튼 계획의 핵심 인사였다).★ 에버렛은 슈뢰딩거의 '반은 죽고 반은 산 고양이'에 엄청난 매력을 느꼈다. 그 사고실험을 계기로 관찰자의 역할과 파동함수 붕괴에 대해 깊이 생각한 에버렛은 자신의 탐구를 박사 학위 논문으로 발전시켰다. 그는 보어의 파동함수 붕괴와 슈뢰딩거의 고양이 역설 사이에 근본적인 불일치가 있음을 멋지게 밝혀냈다. 보어의 가상 관찰자는 고전세계의 규칙을 따르는 반면, 슈뢰딩거의 고양이와 그 고양이가 갇힌 상자는 양자세계의 규칙을 따른다고 에버렛은 지적했다. 또한 고양이 역설에서 벗어날 수 있는 간단한 방법도 제시했다. 우주 자체와 우주에 존재하는 모든 것은 양자론이라는 단 하나의 규칙 집합에 의해 지배되고 있음을 받아들이는 것이었다.

★ 휠러는 미국에서 일반상대성이론의 할아버지로 여겨진다. 미국에서 상대성이론에 대한 관심을 다시 불러일으키고 1세대 일반상대론자들을 양성했기 때문이다. 과학계에서 '휠러의 아이들'로 알려진 핵심 전문가 집단은 2세대 상대론자를 양성했는데, 그들은 스스로를 '휠러의 손주'라고 자랑스럽게 칭했다. '휠러 가족'은 점차 상대성이론 분야에서 전 세계를 선도하는 공동체로 성장하게 되었다. 휠러는 1935년에 노스캐롤라이나대학교 채플힐캠퍼스의 물리학과 부교수로 임용되기도 했다.

에버렛의 통찰에 담긴 함의는 심오했다. 관찰자는 이제 고양이처럼 죽음과 삶이라는 두 상태가 중첩된 상태로 존재할 수 있다. 마찬가지로, 이제 고양이도 관찰자를 '지켜보고' 있다. 관찰자가 고양이를 '지켜보는' 동안 관찰자를 지배했던 것과 동일한 법칙에 따라서 말이다(상자의 관찰자는 또 다른 고양이일 수도 있다). 게다가 관찰자의 상태는 고양이의 '죽어 있거나 살아 있는' 상태와 결합되어 하나의 파동함수를 형성해야 한다. 그렇다는 것은 고양이와 관찰자가 모두 살아 있는 우주, 고양이는 살아 있고 관찰자는 죽은 우주(그리고 그 반대의 우주), 고양이와 관찰자 모두 죽은 우주가 존재할 수 있다는 뜻이다. 여기서 끝이 아니다. 관찰자와 고양이는 서로를 지켜보면서 상호작용을 한다. 그 상호작용을 통해서 고양이와 관찰자는 각자의 관찰 결과를 즉각 서로에게 '전달'하는데(팽창하는 양자우주의 구성요소들이 인플레이션을 거치는 동안 어떻게 상호작용을 했는지 떠올려보라), 그 결과에 제각기 어떻게 반응하느냐에 따라 가능한 세계가 더 많이 만들어진다. 정말 놀랍게도 양자역학은 이 모든 우주가 동시에 존재할 수 있다고 말한다.

에버렛이 이론의 간략한 형태를 1956년에 박사 학위 논문으로 발표한 후로 세계에 대한 확정성은 사라졌다. 에버렛이 맞다면 고양이뿐 아니라 관찰자도 양자적인 대상이 된다. 그렇다는 것은 관찰자가 고양이와 똑같은 지위를 가지며 똑같은 규칙을 따른다는 뜻이다. 폭발하는 고양이에서 우주 전체로 범위를 넓힌 에버렛은 양자역학을 우주에 직접 적용함으로써 다중 세계로 이루어진 복잡하고 기괴한 우주를 예측했다. 다중 세계는 서로 긴밀하게 얽히고 포개진 채로(또는 이중슬릿 실험과 콘서트홀의 파동처럼 중첩된 채로) 하나의 보편적 파동함수를 이룬다. 원시우주의 크기가 아원자 입자 또는 정말 작은 입자 정도밖에 되지 않았다면, 우주 전체는 그 후 크기가 어떻게 바뀌든 간에 양자역학의 규칙을 따라야 한다고 에버렛은 추론했다. 그렇다면 양자입자와 마찬가지로 우주는 파동함수로 표현될 수 있다. 더 정확하게 말하자면, 우주는 우주 파동함수를 이루는 파동 다발로 표현될 수 있다.

양자입자가 미리 결정된 하나의 경로가 아니라 다양한 경로 중에서 하나를 선택할 가능성을 가지는 것처럼, (에버렛에 따르면) 우주 파동함수도 미리 결정된 경로를 따르지 않는다. 우주 파동함수는 여러 가능한 경로 또는 갈래로 계속 갈라질 수 있으며, 그 갈래에 따라 다양한 우주가 생겨난다. 고대 그리스인들이 철학적 사고실험을 통해 다양한 세계의 가능성을 고려한 지 2000여 년이 지난 지금, 그 가능성은 에버렛의 방식으로 귀환을 알렸다. 그렇다면 그중 어느 세계가 진짜일까?

에버렛은 이렇게 답했다. 거대한 우주 파동함수 속에 중첩되어 있는 가능한 양자우주들은(즉, 우주를 만들어내는 모든 파동함수 갈래들은) 존재할 확률이 모두 똑같다. 다른 확률을 부여하는 자연법칙이 없기 때문에 모든 우주들은 똑같은 확률로 존재할 권리를 가진다. 에버렛은 자신의 이론에 '보편적 우주 파동함수Universal wave function of the universe'라는 이름을 붙여주었다.

에버렛의 우주 집합은 대중문화에서 '평행우주Parallel universe'라는 이름으로 널리 알려졌다. 당신이 마감일을 맞추려고 야근을 할 때마다, 평행우주 속 또 다른 당신은 일하는 대신 침대에서 아이에게 동화를 읽어주고 있다. 당신이 원치 않는 게시물을 마지못해 SNS에 올릴 때마다, 평행우주 속 또 다른 당신은 올리지 않기로 결정한다. 당신이 결정을 망설이고 저울질할 때마다, 평행우주 속 또 다른 당신은 당신이 현재 우주에서 선택할 수 있었지만 그러지 않은 모든 결정을 경험하고 있다. 보편적 우주 파동함수는 계속해서 수많은 가능 세계로 미친 듯이 갈라지며 가지를 뻗는다. 우주 속 모든 입자가 겪을 수 있는 사건은 가능 세계에서 전부 일어날 수 있다. 이론의 기묘함을 해소하기 위해 진행된 탐구 작업이 도리어 그 이론 자체를 강화하고 더욱 기묘하게 만들었다. 양자론의 역사에서 흔히 일어나는 일이다.

안타깝게도 에버렛의 경력은 끝내 파국으로 치달았다.

그의 이론이 주류 사상과 어긋났기 때문이다. 에버렛의 지도교수 휠러는 그의 아이디어를 듣고 어떻게 했을까? 보어는 친구이자 영웅이었고, 에버렛은 자신의 학생이었다. 휠러는 둘 다 포기할 수 없었다. 휠러는 어려운 문제에 대한 이색적인 답을 선호했고, 제자가 발전시킨 뛰어난 아이디어를 알아보는 신비로운 직관을 가졌다. 그리고 파동함수 붕괴의 결함을 에버렛이 훌륭하게 지적했다는 점도 이해하고 있었다. 그럼에도 에버렛의 손을 들어주는 것은 매우 어려운 선택이었다. 보어는 무시할 수 없는 존재였다. 휠러는 보어와 에버렛 사이에서 만남을 주선해 두 사람이 의견 차이를 해소할 수 있도록 노력했다. 휠러는 몹시 우수한 학생이었던 찰스 미스너에게 에버렛의 덴마크 여행에 동행해달라고 부탁했다(미스너는 똑똑할 뿐 아니라 친절하고 차분한 성품으로도 유명했다. 훗날 메릴랜드대학교의 교수가 되었는데, 나에게 일반상대성이론을 가르쳐준 교수가 바로 미스너였다). 하지만 아무것도 휠러의 계획대로 되지 않았다. 보어와 에버렛은 타협에 이르지 못했다. 당시 여전히 유력했던 파동함수 붕괴 이론을 소중히 여긴 보어는 에버렛의 비판을 몹시 싫어했다. 보어는 마음의 문을 닫았다.

에버렛과 보어의 불화 사이에 끼인 휠러는 에버렛의 양자역학 다세계 해석Many-worlds interpretation을 공개적으로 지지할 수 없다고 판단했다. 그 결과 에버렛의 1956년 박사 학위 논문은 논란의 여지가 될 만한 부분이 거의 삭제되어 100여 쪽에서 30쪽 정도로 압축되었다. 더 이상 학계에서 경력을 쌓을 수 없었던 에버렛은 방위 산업 분야에서 일하게 되었다.

노스캐롤라이나대학교 채플힐캠퍼스의 이론물리학 그룹에서 일하는 나의 동료 브라이스 디윗Bryce DeWitt이 없었더라면, 에버렛의 다세계 해석은 세상에 알려지지 않았을 것이다. 디윗은 과학자로서 더없이 보수적이었고, 한 인간으로서도 두려움이 많았다(냉전 시기에 핵 공격으로부터 가족을 보호하기 위해 채플힐에 있는 집 뒷마당에 방공호를 만들기도 했다). 그는 자신의 과학자 영웅들과 똑같은 목표, 즉 양자역학과 중력 이론을 수학적으로 통일하는 목표를 달성하기 위해 과학자로서 평생을 바쳤다. 하지만 1973년에 학술지 〈리뷰 오브 모던 피직스*Reviews of Modern Physics*〉의 편집자로 일하다가 에버렛이 수행한 연구의 중요성을 깨달았다. 그리고 용기를 내서 에버렛의 완전한 논문을 출판하기로 결심했다.

마침내 에버렛의 무삭제 논문을 출판하면서 디윗은 '보편적 우주 파동함수'보다 더 나은 이름을 붙이기로 했다. 그는 에버렛의 이론을 '양자역학의 다세계 해석'이란 이름으로 재포장했고, 이 명칭은 오늘날까지 쓰이고 있다. 에버렛은 신경 쓰지 않았다. 학계에서 다시 경력을 쌓기에는 너무 늦었기 때문이다. 에버렛은 그로부터 10년도 채 되지 않은 1982년에 세상을 떠났다.*

양자론은 플랑크의 에너지 양자에서 에버렛의 다세계까지 한 바퀴를 돌았다. 이러한 발전은 우주론에 중대한 함의를 남겼다. 양자론에 따르면 세계의 본질은 여러 가능한 양자우주의 예측 불가능한 집단으로, 각각의 양자우주 모두 존재할 가능성이 있다. 때로는 이 우주들이 모호하게 중첩되어 다양한 조합을 만들어낼 수도 있다. 때로는 개별적으로 갈라질 수도 있다. 그 결과 무한한 수의 세계가 존재하게 된다. 우리우주를 포함한 수많은 우주가 정말 확률 게임에서 유래한 것일까? 비교적 최근까지만 해도 다세계 양자론에 경력을 거는 과학자들은 극히 드물었다. 에버렛의 운명은 많은 이들에게 경종을 울렸다. 나에게도 마찬가지였다.

* 에버렛이 다세계 해석을 옹호하며 겪은 트라우마와 분투 그리고 그로부터 말년에 얻게 된 비탄은 피터 번Peter Byrne의 《휴 에버렛 3세의 다세계 *The Many Worlds of Hugh Everett III* (Oxford University Press, 2010)》에 아름답게 묘사되어 있다.

6장

11차원

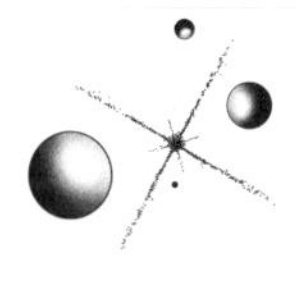

나의 우주론적 여정을 돌이켜보면, 내 연구는 오로지 탐구 주제에 대한 애정에서 출발했다. 그건 큰 도움이 되었다. 연구 과정에서 나는 애정에 기초한 접근 방식이 항상 쉽거나 현명하진 않더라도 이롭다는 것을 알게 되었다. 과학을 사랑해서 과학자가 된 덕분에, 편견이나 가정에 매달리지 않고 편을 가르지 않는 초창기를 보낼 수 있었다. 흥미롭고 새로운 세계가 나의 발견을 기다리고 있었다.

내가 아직 알바니아에서 십 대였을 때, 과학 전공자를 비롯한 모든 대학생은 두 가지 필수 과목을 들어야 했다. 마르크스주의 역사와 체육이었다(체육은 '피지컬 에듀케이션 Physical education'을 줄인 'PE'로 더 잘 알려져 있었다). 나는 두 과목이라면 모두 질색했다. 이유는 매우 달랐지만 말이다.

타고난 소질대로라면 나는 낙제할 만했다. 하지만 정말 낙제한다면 물리학 학위를 받지 못했을 것이다. 마르크스주의 역사 수업에서 인명과 날짜, 지명을 외우는 일은 고문이나 다름없었다. 우리가 배우는 내용이 대부분 거짓이었기 때문이다. 게다가 나는 암기를 잘하는 편이 아니었다. 성격상의 결함도 한몫했다. 좋아하는 과목이라면 주변에 아무것도 존재하지 않는 것처럼 엄청난 집중력을 발휘해서 스물네 시간 내내 즐겁게 공부할 수 있는 반면, 싫어하는 과목은 꾸물거리며 미루는 편이었다. 그래서 마르크스주의 역사 시험 준비도 마지막 날까지 미루고 말았다. 결국 억지로 할 수밖에 없었을 때, 나는 가끔씩 의존하던 방법을 사용했다. 시험 전날 밤새도록 공부하는 것이었다. 그리고 다음날 아침 시험 위원회 앞에 제일 먼저 설 예정이었다. 아직 머릿속 모든 내용이 생생할 때 시험을 치르고, 집에 가서 잠을 자며 그동안 배운 모든 것을 잊어버리려 했다. 아버지는 나를 위해 밤을 새우며 퀴즈를 내주셨다.

하지만 계획대로 되지 않았다. 시험을 보기 위해 위원회 앞에 서자, 그들은 아주 쉬운 질문을 하겠다고 말했다. 스탈린은 몇 년도에 죽었는가? 나는 대답하지 못했다. 밖에서 기다리던 친구가 다른 친구의 어깨에 올라타서 창문에 대고 다섯 손가락을 펼치더니 세 손가락으로 바꾸었다. 이건 나중에 알게 된 사실이다. 위원회가 대답을 기다리는 동안 나는 너무 부끄러워서 친구들을 쳐다볼 수가 없었다.

잠시 침묵이 흐른 뒤, 나는 시험 위원회에게 죄송하지만 기억이 나지 않는다고 말했다. 그러고는 웃음을 터뜨리며 시험장 밖으로 뛰어나갔고, 위원들은 내 등에 대고 소리를 질렀다. "이게 웃겨? 넌 낙제야. 소련의 지도자 스탈린 동지가 언제 서거했는지도 몰라?"

밖으로 나가자 교수님 몇 분이 소음을 듣고 무슨 일인지 물어보셨다. 그러고는 시험장 안으로 들어가서 위원회와 대화를 나누더니 나와서 말씀하셨다. "위원회는 네가 당연히 답을 알고 있지만 시험 때문에 심리적으로 압박을 받아서 그런 거라고 생각하더구나. 잠깐 당황한 걸로 알고 합격시키는 걸로 결정했다." 나중에 알게 된 사실이지만, 교수님들이 시험 위원회와 협상한 끝에 나의 낙제를 막았다고 한다. 위원회의 친척들이 수학이나 물리학 수업을 듣게 된다면 그들의 편의를 봐주겠다고 제안한 것이다.

체육 수업에서도 거의 똑같은 일이 일어났다. 모형 수류탄 던지는 법을 배울 때였다. 내가 발밑에 수류탄을 떨어뜨리자 체육 선생님이 소리를 질렀다. 그 외침이 아직도 생생하다. "이게 진짜 수류탄이었더라면 우리는 산산조각이 났을 거야! 우리 모두 죽었을 거라고! 너 때문에!" 이번에도 너그러운 수학과 물리학 교수님들이 체육 선생님과 잠깐 대화를 나눴고, 덕분에 나는 시험을 통과할 수 있었다.

이런 경험을 통해 나는 당의 모든 노선을 본격적으로 의심하게 되었다. 강제로 배워야 했던 것뿐 아니라 함구해야 하는 것도 있었다. 체제 유지에 위협을 느끼던 정부는 사람들이 책과 텔레비전과 여행을 통해 알바니아 국경을 넘어 더 넓은 세상을 보지 못하게 했다. 하지만 몇몇 알바니아인은 집에서 직접 안테나를 만드는 등의 방식으로 장벽을 넘을 방법을 모색했다.

이런 경험들을 생각하면, 과학자들이 우주 탄생의 순간이나 그 이전을 결코 탐구할 수 없다는 주장은 이해하기 어려웠다. 나는 받아들일 수 없었다. 따라서 전통을 단호히 거부하기로 했던 시절의 에버렛보다 나이가 그리 많지 않은 젊은 과학자로서, 나는 내 앞에 펼쳐진 혼란스러운 가능성의 세계를 탐구하기로 결정했다.

20세기 후반에 이르러 현대 물리학의 양대 기둥인 양자역학과 일반상대성이론이 오늘날의 형태로 확립되었다. 그 과정에서 놀라운 발전을 이룩한 입자물리학은 불과 몇십 년 만에 물리학계에 혁명을 부를 태세를 갖추었다. 입자물리학은 기본입자Elementary particle*라는 아원자 입자가 우주에서 생성되고 상호작용하는 방식을 연구한다. 양자역학의 관점에서 힘과 그 매개 입자를 다루는 이론을 입자 표준모형이라고 하는데, 우주를 설명하는 이론으로 자리잡고 있다. 표준모형에 따르면 힘을 매개하는 것은 입자

* 입자물리학의 '표준모형'을 이루는 열일곱 가지 입자를 의미한다. 물질을 이루는 여섯 종의 쿼크와 역시 여섯 종인 렙톤(경입자), 네 종의 힘 매개 입자 그리고 힉스 입자가 포함된다.—옮긴이

이다.** 1970년대와 1980년대에 걸쳐 입자물리학은 양자 힘(양자역학의 관점에서 서술하는 힘)을 하나의 이론으로 통일할 준비가 된 것처럼 보였다. 입자물리학의 눈부신 발전은 세 가지 양자 힘을 대통일 이론Grand unified theory 모형으로 통일하면서 절정에 달했다. 이것은 실로 대단한 업적이었다!

하나의 포괄적인 이론으로 여러 힘을 통일하는 작업은 힘의 세기(실험으로 얻어지는 '결합상수Coupling constant'에 의해 결정된다)가 사실 일정하지 않고 에너지에 따라 바뀐다는(물리학 용어로는 '주행한다Run'고 표현한다) 사실을 토대로 한다. 어떤 에너지 규모에서는(빅뱅 에너지보다 1만 배 작은 에너지 규모) 힘들의 세기가 거의 같아져서 서로 구별할 수 없기 때문에 통일이 일어난다.

우리우주에 존재하는 네 가지 힘 중에서 통일된 세 가지 힘은 다음과 같다. 빛과 전자기 상호작용을 서술하는 맥스웰의 전자기력, 입자 붕괴와 방사능 붕괴를 일으키는 약한 핵력, 쿼크를 묶어 양성자와 중성자 그리고 원자

** 각각의 힘은 입자들이 고유한 보손(스핀이 정수인 입자)을 교환하거나 산란시킴으로써, 통계 규칙을 따르는 에너지 양자를 전달하면서 생겨난다. 예를 들어, 중력은 중력자의 교환으로, 전자기력은 광자의 교환으로, 강한 핵력은 글루온의 교환으로 생각할 수 있다. 이와 달리 반정수(2분의 1의 홀수 배) 스핀을 가진 입자는 페르미온이라 부르는데, 다른 통계 규칙을 따른다.

핵을 만드는 강한 핵력. 네 번째 힘인 중력을 다른 세 가지 힘과 통일하는 것은 거대 이론과 과학자들 사이에 놓인 마지막 장벽이었다. 그것이 어려우면 얼마나 어렵겠는가? 아마도 명석한 사람들에게는 그리 어렵게 보이지 않았을지도 모른다. 모든 것의 이론을 연구하는 데 평생을 바친 스티븐 호킹은 그 이론이 21세기가 되기 전에 발견되리라 예상했다.

그러나 자연은 또다시 모든 것의 이론을 밝히는 작업에 협조하길 거부했다. 아인슈타인의 상대성이론과 양자론은 여전히 통일되지 않았다. 두 이론은 우주의 작동 원리에 관한 상반되는 답을 놓고 여전히 치열한 전투를 벌이고 있었다.

그래서 이론물리학자들은 수년간 했던 일을 반복했다. 처음으로 돌아가서 더 큰 세계가 아닌 더 작은 세계를 상상하기 시작했던 것이다. 그 결과, 20세기 후반 수십 년에 걸쳐 수많은 저명한 물리학자들이 끈이론String theory을 발전시키기에 이르렀다. 간단히 말해, 끈이론은 점과 같은 입자를 연장된 1차원 끈으로 치환함으로써 세계를 1차원의 존재로 환원한다. 끈의 종류는 총 두 가지이다. 양 끝이 자유로운 열린 끈과 양 끝이 닫혀 고리를 이루는 닫힌 끈이다. 끈은 너무 작아서 관측되지 않는다. 하지만 끈이론학자들은 끈이 우주의 본질적인 구성요소라고 주장한다.

끈은 궁극적으로 우주의 모든 기본입자를 이루고 있으며 또한 시공간의 구조 자체를 짜내는 실과 같다.

끈이론은 지금껏 물리학자들의 손아귀를 빠져나간 모든 것의 이론, 즉 세 가지 양자 힘을 마지막 남은 중력과 연결하는 이론으로 고안된 것이었다. 하지만 끈이론을 통해 수학적으로 모순 없이 힘을 통일하려면 우주에 추가적인 공간 차원을 도입하여 세계를 확장해야 했다. 끈이론학자들은 악기 현이 진동해서 음을 만들어내는 것과 마찬가지로 가늘고 작은 끈이 진동해서 다양한 입자를 만들어낸다고 가정했다. 각 기본입자는 그 근원이 되는 닫힌 끈의 미묘한 음조에 의해 결정된다. 따라서 지금까지 발견된 모든 입자는 자연의 웅장한 교향곡을 이루는 하나의 '음'으로 다시 개념화된다.

우리는 원자를 구성하는 기본적인 입자(전자, 양성자, 중성자)를 점과 같은 입자로 생각하는 데 익숙하다. 그러나 원자 하나하나를 관측할 수 있을 만큼 배율이 높은 현미경으로 들여다보면, 우리는 입자 대신 파동 다발이 작은 파동묶음으로 빽빽이 묶인 모습을 보게 될 것이다(파동-입자 이중성을 떠올려보라).

이제 훨씬 더 강력한 현미경을 손에 넣었다고 해보자. 그 현미경은 원자보다 훨씬 작은 크기를 조사할 수 있다. 더 구체적으로 말해서, 양자론과 상대성이론을 믿을 만하게 적

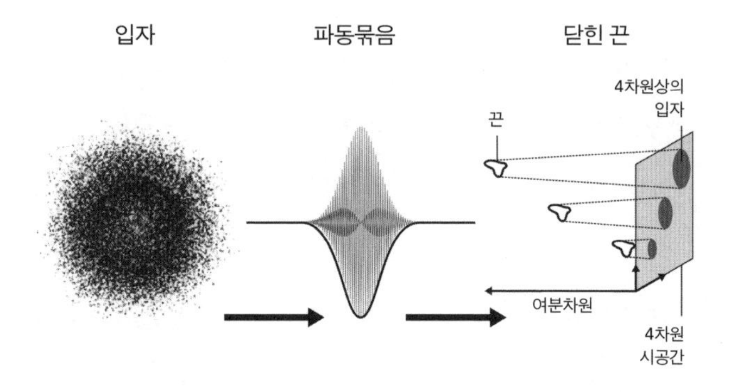

그림 8. 왼쪽 그림의 점 입자는 한 군데에서 함께 묶인 파동 다발의 형태로 퍼져 있다. 가운데 그림의 파동묶음이 그 파동 다발을 보여준다. 하지만 오른쪽 그림처럼, 끈이론에 따르면 우리에게 점 입자로 보이는 것은 사실 닫힌 끈의 진동이다. 끈이 떨리는 진동수가 입자의 질량을 결정한다.

용할 수 있는 가장 작은 규모인 플랑크 길이(10^{-35} 미터)까지 확대할 수 있다. 이 정도 수준까지 확대하면 점과 같은 입자나 파동 다발이 아닌 진동하는 끈의 고리가 보인다. 이때 각각의 끈이 떨리는 진동수는 특정한 양의 에너지에 해당한다(아인슈타인의 유명한 방정식 $E=mc^2$에 따르면, 끈의 진동으로 만들어지는 플랑크 에너지 $E=h\nu$는 입자의 질량으로 전환된다). 어떤 진동수로 떨리는 1차원의 닫힌 끈이 전자에 해당한다면, 똑같은 1차원 끈이 더 높은 진동수로 떨릴 때 양성자가 만들어지고 또 다른 진동수로 떨릴 때 중력자(중력을 매개하는 가설상의 입자)가 만들어지는 식이다. 다시 말해, 끈이 진동하는 유형에 따라 입자의 질량이 결정된다.

끈이론에 따르면, 끈의 진동이 다양한 방식으로 겹치고 겹쳐서 가장 작은 규모까지 우주의 모든 세포를 가득 채우고 있다. 오케스트라의 다양한 악기가 동시에 연주하는 음이 서로 포개지는 것과 같다. 하지만 우리는 이론의 틀을 수학적으로 조화롭게 짜 맞춰야만 천상계의 음악을 만들 수 있다. 천상계의 선율에서 일관성을 유지하려면 엄청난 대가가 따른다. 왜냐하면 끈이론을 4차원 세계로 축소해야 하기 때문이다.

인간은 높이, 너비, 길이의 3차원으로 공간의 부피를 인식한다. 여기에 시간을 더하면 총 4차원 시공간이다(아인슈타인은 일반상대성이론에서 시간이 다른 공간 차원과 동등하다고 생각했다). 인간의 지각 능력은 4차원 실재를 수용할 수 있다. 하지만 끈이론에서는 세계가 총 **열한 가지** 차원으로 이루어져 있다고 가정한다. 정말이지 믿기 어려운 생각이다. 이 아이디어는 끈이론의 선구자이자 프린스턴고등연구소의 저명한 물리학자 겸 수학자인 에드워드 위튼Edward Witten이 제안한 것이다. 1995년 위튼은 기존의 다양한 형태의 끈이론들을 M-이론M-theory이라는 포괄적인 이론으로 통일할 수 있다는 것을 깨달았다.* M-이론에 따르면, 우리에게 친숙한 4차원(시간, 너비, 높이, 길이) 말고도 **일곱 가지** 차원이 우주에 숨겨져 있다.

물론 우리 뇌의 회로는 일곱 가지의 '여분차원Extra dimension'을 이해하도록 배선되어 있지 않다. 그러므로 머릿속의 개념을 재구성해야 한다. 중절모를 쓰고 초록색 사과를 얼굴에 얹은 자화상으로 잘 알려져 있는 초현실주의 화가 르네 마그리트René Magritte는 "우리가 보는 모든 것은 또 다른 것을 숨기고 있다"고 말한 바 있다. 이제 그의 말을 지침으로 삼고 끈이론이 요구하는 11차원으로 우리의 정신을 무장해보자.

11차원 시공간을 이해하기 위해, 그림과 화가의 비유를 바탕으로 사고실험을 해보자. 화가들은 초점과 원근법을 영리하게 활용해서 2차원 캔버스 평면에 3차원 세계를 구현한다. 그들의 방법을 통하면 M-이론의 추가적인 공간 차원을 시각적으로 이해할 수 있다.

3차원의 물체들이 있는 그림을 하나 떠올려보자. 그리고 서로 다른 위치에 있는 것처럼 보이는 두 물체 사이의

* 1980년대에는 끈이론의 유형이 무려 다섯 가지나 있었다. 세부 사항만 조금 다를 뿐, 끈이론으로서 모든 조건을 갖춘 이론들이었다. 단 하나의 이론을 추구하던 끈이론학자들은 당혹스러울 수밖에 없었다. 그런데 위튼이 나타나 그들의 고민을 일거에 해소해준 것이다.—옮긴이

거리를 자세히 살펴보자. 그림 속에서 두 물체에 빛을 비춘다고 했을 때, 광선들은 시각에 해당하며 광선들이 모이는 점은 초점(소실점)이 된다. 그림 속 두 물체의 소실점은 어긋나 있을 것이다. 이 미묘한 어긋남이 3차원 표현을 가능하게 해준다. 우리의 지각이 그것을 깊이로 이해하기 때문이다. 2차원 캔버스에 깊이를 담는 것은 불가능하지만, 화가는 우리의 뇌를 시각적으로 속여서 깊이를 그려낼 수 있다.

우리 머릿속의 3차원 캔버스를 벗어나 추가적인 차원을 상상할 때에도 정확히 똑같은 속임수를 사용할 수 있다. 엄밀히 말해 거시적인 측면에서 네 번째 공간 차원은 우리 우주에 존재하지 않는다. 하지만 상상은 할 수 있다.

어떻게 그럴 수 있을까? 〈그림 9〉처럼, 종이 한 장을 수직으로 세워서 당신의 몸과 직각을 이루도록 잡아보자. 종이의 면은 보이지 않고 선만 보일 것이다. 왜냐하면 당신이 보는 각도에서 종이의 길이(가로)는 몸과 직각을 이뤄서 보이지 않고, 종이의 두께 역시 멀리서 관찰하기엔 너무 좁아서 보이지 않기 때문이다. 보이는 것이라곤 종이의 높이뿐이다. 논의를 더 진전시키자. 우리우주에서 이미 알려진 3차원 외에도 더 많은 차원이 종이의 두께와 길이 뒤에 숨어 있다고 가정해보자(비록 두께와 길이가 보이지 않아도 존재한다는 것을 우리는 알고 있다. 우리가 3차원 공간 우주에 살고

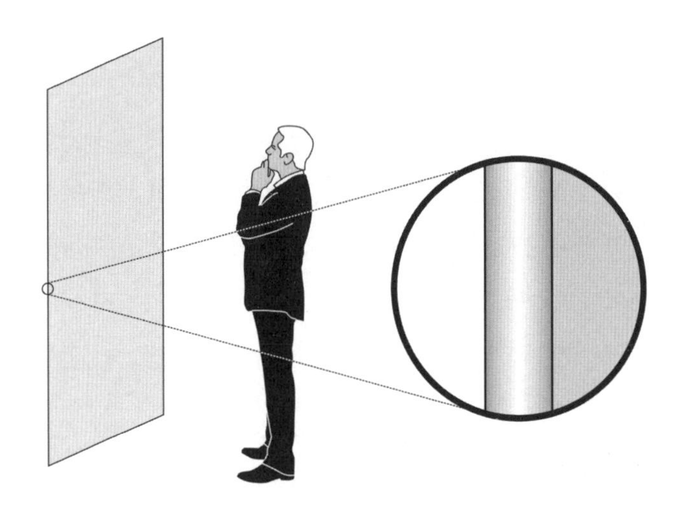

그림 9. 그림 속 사람은 높이(세로)만 보고 길이(가로)와 두께(깊이)는 볼 수 없다. 두 번째, 세 번째 차원의 존재를 알아차리지 못한다. 만일 종이의 길이와 두께 속에 더 많은 차원과 구조가 숨겨져 있다면, 그림 속 사람은 그 추가적인 차원(네 번째, 다섯 번째 등의 차원)도 놓치게 될 것이다.

있다는 사실을 알고 있기 때문이다). 네 번째 공간 차원이 종이의 두께나 길이 속에 있어서 보이지 않는 것이라고 상상해 보라(3차원+1차원). 같은 방식으로 다섯 번째 차원도 상상할 수 있다. 종이의 두께나 길이에 여분의 두 차원이 숨어 있다면(3차원+2차원), 차원은 총 다섯 개이다. 이 추가적인 차원들은 극도로 작고 돌돌 말려 있어서 육안이나 현미경으로는 볼 수 없지만, 수학적으로는 그곳에 존재한다고 추측할 수 있다.

그럼 여섯 번째 차원은 어떨까? 보이지 않는 차원(종이의 두께나 길이)에 숨겨진 것이 두 차원이 아니라 세 차원이라면(3차원+3차원), 차원은 총 여섯 개가 된다.

우리는 이 과정을 반복해서 숨겨진 차원을 더 상상해볼 수 있고, 결국 M-이론의 11차원 시공간(시공간 4차원+공간 7차원)까지 도달하게 된다. 러시아 마트료시카 인형 속에 더 작은 인형이 있는 것과 비슷하다. 시공간의 층을 더욱 깊이 파고듦으로써 우주 내부에서 돌돌 말린 채 숨어 있는 M-이론의 일곱 가지 여분차원을 추정하는 것이다.

요약하자면, 끈이론의 기본 개념은 다음과 같다. 점 입자 속에는 플랑크 길이 규모에서 진동하는 닫힌 끈이 숨어 있다. 그리고 시공간 속에는 일곱 가지 차원이 추가로 숨어 있다. 하지만 중요한 점은 그와 같이 작은 규모에서는 이론을 검증하는 일이 불가능하다는 것이다.

끈이론은 흥미로운 주제이지만 수학적인 문제에 불과하다. 끈이 물리적으로 존재하는지 어떻게 알 수 있을까? 궁극적으로 우리가 살고 있는 이 우주를 재현하고 설명해야만 끈이론은 그 목표를 달성할 수 있다.

끈이론학자들은 11차원 세계에서 4차원 우주를 재현하기 위해 일곱 개의 여분차원을 최소화 또는 단순화함으로써 M-이론을 4차원 우주로 되돌리는 데 집중했다. 그 방법은 이렇다. 우리가 알고 있는 3차원 공간을 거대한 규모로 유지하면서 나머지 7차원은 지극히 작은 것으로 개념화했다. 일곱 개의 여분차원을 여전히 기본적인 자연의 구성요소로 남기면서도, 고전세계(세 차원의 커다란 공간과 네 번째 차원인 시간)에만 익숙한 '평범한' 생물체에게는 보이지 않도록 숨겨둔 것이다.

여분차원을 말아올리는 작업은 수학 용어로 공간의 축소화Compactification라고 부른다. 하지만 축소화를 실제로 구현하는 것은 어려운 일이다. 근본적인 수준에서 자연은 열 개의 공간 차원과 한 개의 시간 차원을 갖고 있다. 우리의 4차원 세계는 입자와 양자장, 전류와 선속Flux* 그리고 힘과 같은 '내용물'로 가득하고, 따라서 여분차원 공간에도 그런 내용물이 있을 것이다. 그렇다면 축소화가 일어나는 동안 내용물에는 무슨 일이 벌어질까?

여분차원을 축소화하는 것은 정육면체를 내용물로 가득 채우고 위에서 짜부라뜨려서 완전히 납작하게 만드는 것과 비슷하다. 자, 이제 이 정육면체가 양자장과 입자, 선속과 전류 같은 양자 내용물로 가득 차 있다고 상상해보자. 정육면체가 아래로 짜부라질 때마다 그 안의 양자 내용물이 들뜨고(자극되어 흥분하고), 정육면체 내부의 에너지

* 어떤 물리적 성질이 공간 속에서 어떻게 흐르는지를 나타낸 양.—옮긴이

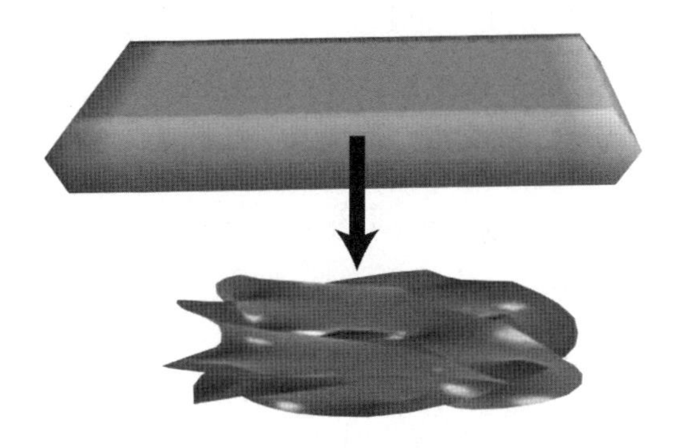

그림 10. 아래쪽 그림은 4차원으로 '압축된 용수철 상자' 속의 끈 다발을 보여준다. 압축된 용수철 상자는 여분의 7차원이 축소화된 후에 남은 것이다. 우리가 10^{-32}미터 규모를 조사할 수 있다면 우리우주의 시공간이 이 그림처럼 보일 것이라고 끈이론은 주장한다. 점 입자 또는 텅 빈 시공간 대신 끈의 다발을 보게 되는 것이다. 이때 위쪽 그림이 보여주는 상자의 여분 7차원은 압축되어서 보이지 않는다(화살표가 압축된다는 표시이다).

가 바닥에 쌓이게 된다.

정육면체 속의 에너지 내용물이 겪는 이 변화, 즉 축소화로 인해 발생하는 요동은 앞서 살펴본 양자요동과 동일하다. 정육면체 안에 보이지 않는 용수철이 있다고 생각하면 좋다(〈그림 10〉). 정육면체가 일종의 용수철 매트리스가 되는 것이다. 몸집이 큰 사람이 매트리스 위로 올라가 납작해질 때까지 누른다고 해보자. 그럼 정육면체 내부의 양자 내용물(용수철)은 짓눌릴수록 더 압축되거나 '들떠서' 더욱 강하게 긴장될 것이다.

물론 실상은 더 복잡하다. 정육면체의 높이가 7차원이고 밑바닥은 3차원이라고 해보자. 정육면체를 찌그러뜨리면 모든 양자 내용물은 7차원의 '높이' 방향으로 압축되어 들뜨게 된다. 정육면체가 납작해졌을 때 이 에너지 더미는 어딘가에 눌린 채 쌓여 있어야 하는데, 그 어딘가는 정육면체의 3차원 밑바닥일 수밖에 없다.

이때 해상도가 말도 안 되게 높은 가상의 현미경으로 확대한다면, 〈그림 10〉과 같은 숨겨진 세계를 엿볼 수 있다. 그림에서 볼 수 있듯이, 끈이론학자들은 축소화라는 방대한 수학적 작업을 통해 (우리우주처럼) 물질과 에너지를 포함하는 4차원 세계를 성공적으로 재현했다고 믿는다.

끈이론학자들은 이 작업이 성공적으로 완료되면 모든 것의 통일 이론으로 물리학의 마지막 장을 쓸 수 있으리라 희망했다.

하지만 상황은 달랐다. 2004년경에 실제로 일어난 일은 훨씬 좋았다. 누구에게 묻느냐에 따라 훨씬 나쁜 일이기도 했다.

처음에는 축소화의 결과가 과학계에 재앙으로 나타났다.

일곱 개의 여분차원을 없애고 시공간을 11차원에서 4차원으로 줄이는 축소화 과정은 실제로 우리우주와 같은 우주를 만들어낸다. 하지만 물리학자들은 기대했던 것보다 더 많은 것을 얻었다.

알고 보니, 여분차원을 말아올리는 방법은 정말 다양했다. 게다가 여분차원 속 양자 내용물의 다층적인 요동을 조합하는 방법은 훨씬 더 많았다. 각각의 가능한 선택지마다 퍼텐셜에너지 우물(경관 진공**Landscape vacuum**)*이 생겨나는데, 각각의 경관 진공에서 빅뱅이 일어날 수 있다.** 끈이론학자들은 수학적인 축소화 과정을 거쳐서 대략 10^{600}가지의 가능성을 발견했다(10^{600}은 1 뒤에 0이 600개나 있는 수이다!). 빅뱅을 일으킬 수 있는 이 방대한 퍼텐셜에너지 집합(축소화 과정으로 얻어지는 10^{600}개의 경관 진공 집합)을 끈이론 경관**String theory landscape** 또는 끈이론 풍경이라고 부른다.

끈이론 경관의 발견은 이론물리학계를 근본부터 뒤흔들었다. 끈이론의 11차원 세계를 줄여서 4차원 단일우주를 서술하는 답을 얻기 위해 끈이론학자들이 수십 년 동안 노력한 결과, 본의 아니게 '우주 생산 공장'이라는 가상의 시나리오가 탄생했다. 그 공장은 수십억 개의 원시우주를

* 구슬이 산맥을 따라 굴러떨어지는 상황에 비유해서, 앞으로 경관 진공을 에너지 우물 대신 에너지 계곡으로 부르기도 할 것이다.

** 110쪽의 〈그림 6〉처럼 움푹 들어간 퍼텐셜에너지 형태를 '우물'이라고 부른다. 경관 진공에 대한 내용은 8장에서 자세히 설명된다.—옮긴이

탄생시킬 수 있는 수많은 빅뱅 퍼텐셜에너지의 인큐베이터 역할을 한다.

노련한 물리학자도 이해하기 어려운 내용일 수 있다. 하지만 우리에게 익숙한 물리적 경관(산맥)과 비슷한 예시를 들어 끈이론 경관을 상상해볼 수 있다. 끈이론 경관에는 산맥처럼 꼭대기와 계곡이 있다. 하지만 실제 시공간에 존재하는 일반적인 경관과 달리, 끈이론 경관은 에너지 공간에 존재한다. 그 에너지는 끈 세계로부터 4차원 우주를 탄생시킬 수 있는 다양한 가능성 또는 확률을 나타낸다. 산맥에서 구슬 몇 개가 꼭대기에서부터 굴러떨어져 계곡에 자리를 잡는 것처럼, 끈이론 경관에서는 원시우주 전체가 계곡과 같은 '진공 지형(퍼텐셜에너지 우물)'에 자리를 잡을 수 있다. 하지만 끈이론 경관에는 우리우주의 시작점이 될 수 있는 진공 에너지 상태 선택지가 엄청나게 많이 포함되어 있다. 끈이론 경관을 발견하자 새로운 수수께끼가 떠올랐다. 우리우주는 어떤 진공 에너지를 왜 선택했을까?

끈이론 경관 발견의 함의는 이렇다. 빅뱅-인플레이션을 **한 번** 일으켜서 **하나**의 단일우주를 낳는 **하나**의 초기 에너지만 존재했던 게 아니었다. 대신 우리우주와 같은 다양한 4차원 우주를 탄생시키는 수많은 빅뱅을 일으킬 만한 에너지가 엄청나게 많이 존재했다. 엄청난 양의 퍼텐셜에너지, 즉 지금까지 발견된 굉장히 많은 초기 에너지들

(10^{600}개)은 우리의 기원을 단 한 번만 설명하는 대신 놀랍도록 많은 기원을 제시한다. 간단히 말해, 끈이론 경관은 다중우주를 촉발할 수 있는 방대한 수의 초기 에너지(빅뱅을 일으킬 잠재력이 있는 에너지) 집합을 제공해준다.

21세기 초, 끈이론은 모든 것의 이론으로 포장된 단일우주라는 단순한 전망에 예상외로 큰 타격을 가했다. 우리우주와 같은 수많은 가능 세계의 경관을 예측함으로써 본의 아니게 모든 것의 이론을 다중우주론으로 바꿔놓았던 것이다. 이는 물리학에 중대한 위기를 불러일으켰다. 다중우주론의 발견은 끈이론이 모든 이들의 숙원인 모든 것의 이론이 될 가능성을 심각하게 위협하고 있었다.

21세기가 되기 몇 년 전, 스티븐 호킹은《시간의 역사 *A Brief History of Time*》에서 모든 것의 이론이 단일우주를 설명하리라는 꿈과 열정 그리고 수천 년에 걸친 노력을 간략하게 설명했다. 그리고 성 아우구스티누스의 말을 다음처럼 바꿔서 모든 것의 이론을 옹호했다. "아우구스티누스는 '신은 우주를 창조하기 전에 무엇을 했습니까?'라는 질문에 '그렇게 묻는 사람들을 위해 하느님께서는 지옥을 준비하고 계셨다'고 대답하지 않았다. 그 대신 시간이란 하느님께서 창조하신 우주의 특성이고, 우주가 시작되기 전에는 시간이 존재하지도 않았다고 말했다." 하지만 과학자들이 모든 것의 이론과 단일우주를 찾아 헤매는 동안, 끈이론 경관은 물리학계가 원래 목표에서 벗어나 끔찍한 지옥으로 빠져들리라는 것을 예고했다.

물리학은 패러다임의 전환을 준비하고 있었다. 모든 것의 이론으로 포장된 단일우주라는 꿈이 전부 산산조각 날 참이었다. 양자 이론가들 간에 충돌이 벌어졌을 때보다 상황이 더욱 심각했다. 결정론적 고전우주와 비결정적 양자우주를 두고 아인슈타인과 보어가 치열하게 논쟁을 벌였던 때보다 더욱 중대한 상황이었다. 논쟁을 벌일 당시 불만에 찬 아인슈타인이 "신은 주사위 놀이를 하지 않소"라고 말하자, 보어는 "아인슈타인 선생, 신에게 이래라 저래라 하지 마십시오"라고 받아친 바 있다.

지금까지 연구해온 이론을 모조리 포기하는 것은 선택지가 아니었다. 과학자들이 끈이론에 기울인 모든 노력이 물거품이 될 것이었기 때문이다. 자연 이론을 통해 우리는 몇 번이고 되물었다. 우리는 어디에서 왔는가? 이번에 나온 답은 다중우주였다. 대부분의 물리학자들에게 끈이론 경관 가설이 전면적인 위기나 다름없었다는 점은 이해할 만하다.

실제로 끈이론 경관에는 가능한 우주들 중 일부가 다른 우주보다 더 낫거나 적합하다는 근거가 전혀 없었다. 10^{600}개의 경관 진공 집합에 들어 있는 잠재적인 4차원 세계들은 제각기 똑같은 확률로 우리우주를 시작할 수 있는 것처럼 보였다. 슈뢰딩거의 고양이와 휴 에버렛의 역설이 또다시 살아난 것만 같았다. 더군다나 우리는 광속의 한계에 묶여 우리우주의 지평선 너머를 관측할 수 없기 때문에, 다중우주라는 새로운 가능성을 시험하고 증명할 방도가 결코 없는 것처럼 보였다.

과학자들이 다중우주를 두려워하는 이유는 또 있었다. 바로 휴 에버렛이 맞이했던 운명이었다. 휴 에버렛이 겪은 일은 과학자가 다중우주 시나리오를 옹호하는 것이 얼마나 위험한 일인지에 대한 쓰라린 전례를 남겼다. 이론물리학계에 몸담은 대다수의 과학자들에게 끈이론 경관은 사상 최악의 존재였다.

하지만 내가 보기엔 그렇지 않았다. 다양한 우주의 서로 다른 출발점에 대한 나의 모든 사고실험이 엔트로피 규칙과 열역학 제2법칙 때문에 완전히 실패한 그 순간, 끈이론 경관이 출현했다. 끈이론 경관의 발견은 물리학의 획기적인 발전이 우주의 기원 문제에 동일한 답을 내린 또 하나의 사례였다.

나는 다중우주의 가능성을 더 이상 무시할 수 없다고 생각했다.

7장

—

최초의 파동

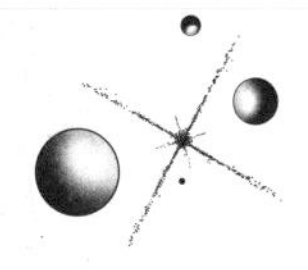

우연찮게도 끈이론 경관은 내가 우주의 탄생을 본격적으로 연구하기 시작했을 무렵 발견되었다. 2004년 1월 노스캐롤라이나대학교 채플힐캠퍼스에 도착했을 때, 나는 우리우주의 기원을 의미 있게 탐구하려면 원시우주를 선택할 수 있는 원시우주 집합이 필요하다고 확신했다. 내게는 궁극적인 우주 이론이 어떤 모습이어야 한다는 선입견이 없었다. 따라서 이 탐구가 어디로 이어질지 전혀 예상하지 못한 채 연구를 시작했다.

하지만 그 탐구가 어디로 이어지지 **않을지**는 대충 알고 있었다. 종신 재직권을 잡을 기회는 멀어지고 말 터였다. 부교수들은 종신 재직 결정에 대한 압박 속에서 장시간 근무했다. 대부분 '인플레이션 이후 우주론Post-inflationary cosmology'과 같은 확립된 연구 분야에 뛰어들 예정이었다. 나를 진심으로 걱정하던 교수님들은 내게도 그런 길을 따르라고 조언했다. 적어도 종신 교수가 될 때까지는 우주의 탄생처럼 위험한 문제를 연구하는 것은 피하라고 말이다. 저명한 권위자들이 이끄는 대규모 연구 그룹에 참여해서 좀 더 전통적인 주제를 연구하라고 권하기도 했다.

박사 학위 졸업생 중에서 오직 30퍼센트만 학계에서 직업을 구할 수 있었다. 그중에서도 종신 교수가 되는 사람은 극히 소수였다. 형편이 그런 터라, 교수님들은 내가 새 경력을 성공적으로 쌓고 직위를 유지할 수 있도록 도우려 했다. 우주론을 제외한 물리학계에서도 여러 동료들이 비슷한 조언을 따르고 있었다. 동료들은 '경쟁자' 진영의 심기를 건드리지 않으면서도 '올바른' 진영에 합류하기 위해 오래전부터 진로를 신중하게 계획해야 한다고 말했다. 대세를 거스르면 어떤 결과가 닥치는지 이야기를 듣긴 했지만, 그럼에도 나는 다른 과학자들과 공개적으로 논쟁하는 것이 인신공격으로 여겨질지 모른다는 우려를 도무지 이해할 수 없었다. 그리고 내가 물리학계에서 틈새시장을 찾은 뒤에 돌이켜보니 실상은 다르기도 했다.

물론 한계를 뛰어넘는 위험한 주제를 연구하는 것이 경력 면에서 현명하지 않다는 것쯤은 알고 있었다. 휴 에버렛의 비극적인 사례만 봐도 알 수 있었다. 하지만 내가 이론물리학자가 된 것은 오로지 우주의 시작과 끝 같은 어려운 문제에 매료되었기 때문이다. 게다가 나는 노스캐롤라이나대학교에 도착하기 전부터 시간이 남을 때마다 그 주제를 탐구하고 있었다. 애초부터 나를 과학으로 끌어들인 분야의 매력을 외면하기란 굉장히 어려웠다.

중요한 결정을 앞두고 고민할 때면 나는 항상 나중에 후

회하지 않을 선택을 하려고 했다. 채플힐캠퍼스에 도착했을 무렵, 우주의 기원을 연구하지 않으면 평생 후회할지도 모른다는 생각이 들었다. 그래서 나는 우주의 탄생을 연구하기로 결심했다.

매우 비현실적인 선택을 합리화하면서 나는 마음속으로 되뇌었다. 만약 내가 현실적인 사람이었다면 처음부터 수익성이 높은 직업을 선택했을 거라고. 그리고 물리학 교수의 길은 결코 걷지 않았을 거라고. 알바니아에서 보낸 어린 시절을 돌이켜보면, 우주의 탄생을 연구하기로 한 결정은 특별히 용기 있는 행동처럼 느껴지지 않았다. 이곳에서는 새로운 생각을 제안한다고 해서 처벌받지 않았다. 심지어 다른 사람의 기분을 상하게 하더라도 누구나 자유롭게 자기 생각을 말할 수 있었다.

알바니아에서 보고 겪은 일 때문에 나는 스스로 생각할 자유를 소중히 여겼다. 그 자유는 과학의 토대와도 같았다. 과학의 역사는 기존의 '통념'과 '마지막 진리'에 도전하고 그것을 관철하기 위한 끊임없는 싸움의 연속이었다. 베토벤의 음악이 작곡된 지 수백 년이 지난 지금도 마법처럼 살아 숨 쉬는 것처럼, 훌륭하고 독창적인 과학적 발상은 (몹시 드물긴 하지만) 가장 어려운 시험인 세월의 시련을 견뎌내고 마침내 살아남는다.

나는 실패할 각오를 했다. 사실 모든 이론물리학자들은

실망과 실패에 대처할 준비가 되어 있다. 이론물리학자에게 가장 좋은 시나리오는 열 번 제안한 생각 중에서 아홉 번만 틀리는 것이다. 맞을 때마저도 자신이 옳다는 사실을 알게 되는 경우가 십 분의 일밖에 안 된다. 이론물리학자가 새로운 아이디어를 관측으로 검증할 기회는 드물기 때문이다.

관측에 실패하면 동료들의 면밀한 검토가 도움이 된다. 이론물리학계는 마치 대가족처럼 굴러간다. 구성원들의 결속력은 혈연이 아닌 서로의 견해에 대한 깊은 존중에서 비롯된다. 물론 여느 가족과 마찬가지로 존중은 쉽게 얻어지지 않는다. 물리학계의 경우, 획기적인 발상과 지식 발전에 공헌함으로써 얻어진다. 그 목표를 위해 우리는 본인의 생각뿐 아니라 동료의 생각에서도 논리적 결점을 찾아내고자 면밀히 검토하고 비판하며 열심히 일한다. 심지어 서로의 추론을 뒤엎을 때조차 우리는 공동의 목표를 추구함으로써 단결을 유지한다. 그 목표는 바로 자연의 수수께끼에 관한 진정한 해답을 찾아내는 것이다.

새로운 학계 가족의 문화를 알게 되면서 나는 우주의 기원을 철저히 탐구하려면 무엇을 해야 할지 깨달았다. 단일우주론을 계속해서 진지하게 검토하고, 과학자들이 대부분 다중우주론을 거부한 이유를 충분히 이해해야 했다.

나는 단일우주 논증을 계속 숙고했다. 노스캐롤라이나주 채플힐의 불타는 듯 뜨거운 산책로와 도로를 거닐면서도 생각을 거듭했다. 그렇게 걷다 보면 캠퍼스에 도착하기 전까지 영화에서나 보던 뱀과 사슴, 아름다운 새 그리고 이색적인 벌레가 눈에 들어왔다(나는 걸어서 출퇴근하는 몇 안 되는 사람 중 한 명이었다. 친절한 현지인들이 차에 태워준 적도 많다. 그들은 내가 날씨가 어떻든 걸어서 학교에 가기로 한 것을 이상하다고 생각했을 것이다. 하지만 내가 물리학자라는 걸 알자마자 걸어서 출퇴근하는 행위를 '정상'으로 받아들인 것 같았다).

앞서 살펴본 것처럼, 단일 이론이 지배하는 단일우주에 대한 믿음은 전통적으로 강하게 뿌리박혀 있었다. 나는 그 사실을 이미 잘 알고 있었다. 그리고 단일우주의 매력은 그 이상이었다. 단일우주론은 현대의 사고를 장악했고, 통일 이론은 물리학의 성배나 다름없었다. 나를 비롯한 과학자들은 이론의 단순성과 검증 가능성을 추구하기 때문이다.

두 가치가 얼마나 큰 영향을 발휘하는지 궁금하다면 인플레이션 우주론을 생각해보라. 이 이론은 인플라톤 퍼텐셜에너지라는 단 하나의 가정에 의존함으로써 우리우주에서 관측되는 중요한 특징들을 우아하게 설명해냈다. 게다가 우주 구조의 평탄성과 균질성, 균일성에 대한 예측도 검증 가능하다.

반면 다중우주 연구는 거의 금기시되어 있었다. 왜냐하

면 과학자들이 다중우주를 검증하거나 관측할 수 없다고 확신했기 때문이다. 아인슈타인의 중력 이론은 우주에서 빛보다 빠른 것은 아무것도 없다는 가정에 기반하고 있다. 우리는 빛 신호를 주고받음으로써 물체(가령 별)를 관측한다. 우리우주의 지평선은 우주에서 빛이 우리에게 도달할 수 있는 가장 먼 거리로 정의되는데, 지구로부터 약 10^{27}미터 떨어져 있다. 이 광속 제한 때문에 지평선 바깥의 다중우주와 빛 신호를 주고받는 방법으로는 지평선 '너머'에 있는 것을 관측할 수 없다. 과학자들은 다중우주의 존재를 검증하거나 관측할 수 없다면 그건 과학 이론이 될 수 없다고 믿는다. 나도 그 점을 충분히 이해한다. 하지만 단일우주 시나리오에는 그 자체로 극복할 수 없는 문제가 있었다. 그중 대다수는 앞에서 설명했듯 열역학 제2법칙과 관련되어 있다.

결과적으로 나는 2004년에 채플힐캠퍼스에 부임할 무렵 끈이론 경관이 발견되었다는 소식을 듣고 기뻐한 몇 안 되는 물리학자 중 한 명이 되었다. 끈이론학자들은 단일우주를 얻기 위해 여분차원을 수학적으로 줄일(축소화할) 방법을 연구하고 있었지만, 나는 우주론학자로서 그 문제에 접근했다. 두 가지 구체적인 질문(무엇이 우주를 시작했을까? 우리우주의 시간 이전에는 무엇이 있었을까?)에 대한 답을 찾으면서 나는 다양한 사고실험을 통해 확신하게 되었다. 그 수수께끼가 논리적으로 성립하려면, 우리가 선택할 수 있는 가능한 우주 기원들의 **집합**과 더불어서 인플레이션으로 그 기원들을 촉발할 만한 초기 에너지가 있어야만 했다. 이 가능한 기원들의 집합을 우주론에선 '우주의 초기 상태 공간Space of initial states for the universe'이라고 부르는데, 끈이론 경관이 발견될 때까지는 가설상의 가능성 추상 공간에 불과했다.

그때까지 내가 가정하던 에너지 집합은 그저 추상적인 가능성에 지나지 않았다. 하지만 우연찮게도 끈이론 경관이 발견되면서 나는 정확히 내가 필요로 하던 우주의 초기 상태 집합을 얻게 되었다. 다시 말해, 이론을 바탕으로 도출한 실제 에너지 집합을 확보했다.

끈이론 경관의 발견은 재앙이 아니었다. 오히려 그 반대였다. 우리우주의 기원과 그 이전의 존재를 설명하는 이론을 연구하던 나에게는 최고의 소식이었다. 그 획기적인 발견 덕분에 나는 우리우주를 탄생시킬 수 있는 초기상태의 물리적 공간(물리적 의미를 가진 공간)으로 끈이론 경관을 사용하여 우주 기원의 확률을 계산할 수 있었다. 그렇게 도출된 답은 나를 다중우주로 이끌었다.

끈이론 경관의 발견은 새로운 지적 지평선을 열어주었다. 하지만 아직 엄청난 도전이 남아 있었다. 우리우주와 같은 실제 시공간에 존재하는 물체를, 11차원 세계에서 도출한 추상적인 에너지 공간(끈이론 경관)과 어떻게 관련지을 수 있을까? 언뜻 보면 둘은 서로 무관한 듯했다. 하지만 나는 우리우주와 끈이론 경관의 근본적인 연관성이 끈이론과 양자론이 교차하는 지점 어딘가에 있다고 생각했다.

그러던 어느 날, 퍼즐 조각이 맞춰지기 시작했다.

아이디어가 떠올랐을 때, 나는 채플힐의 카페에 앉아 있었다. 나는 카페에서 일하는 걸 좋아한다. 오래 산책할 때처럼 몇 시간이나 방해받지 않고 집중하며 생각에 잠길 수 있기 때문이다. 주변 환경에서 벗어나 머릿속 문제에 완전히 몰입하기 위해 필요한 시간이다. 내가 어디에 살든 바리스타들은 내가 롱 에스프레소를 좋아한다는 사실과 나의 그런 습관을 곧바로 알게 되었다. 동료들과 학생들이 자주 문을 두드리는 조용한 연구실보다는 익명의 사람들이 떠드는 카페의 소음이 나에게는 덜 산만했다.

창밖을 바라보며 머릿속으로 논증을 검토하고 있는데, 불현듯 어떤 생각이 떠올랐다. **끈이론 경관에 대한 양자역학.**

그래, 당연하지! 나는 생각했다. 두 가지 진리를 합하면 하나의 위대한 전망을 낳는 법이니까.

나의 아이디어는 원시우주가 매우 작은 입자와 같다는 생각에서 출발했다. 그렇다는 것은 양자역학을 적용할 수 있다는 뜻이었다. 앞서 살짝 언급하긴 했지만, 양자역학의 파동-입자 이중성 덕분에 나는 원시우주를 양자입자뿐 아니라 파동 다발이 빽빽이 묶여서 마치 입자와도 같아진 파동묶음으로도 생각할 수 있었다. 이때 파동묶음은 우리가 앞서 살펴본 우주 파동함수에 포함된 한 갈래이다.

이쯤 되자 무관해 보이는 두 가지 개념(실제 시공간에 존재하는 물리적 우주와 끈이론 경관에 존재하는 에너지 집합)의 연관성이 분명해졌다. 나는 다음과 같이 생각했다. **우주 파동함수가 에너지 경관을 통과한다고 해보자. 이제 파동-우주(원시우주 파동묶음)들이 어떻게 그리고 어디서 (1) 경관으로부터 에너지를 얻고 (2) 제각기 빅뱅을 거쳐 (3) 시공간에서 성장하는 물리적 우주로 전환되는지 찾아야 한다**(〈그림 11〉).

아이디어는 간단했다. 끈이론 경관을 통과하는 파동묶음으로 원시우주를 표현함으로써, 광활한 경관 속에서 파동묶음이 어떤 에너지 지형에 정착할지 양자역학으로 알아낼 수 있었다. 다음 장에서 더 자세히 살펴보겠지만, 휠러-디윗 방정식은 우주 파동함수의 모든 갈래를 나타내는 해의 집합을 도출했다. 그 해의 집합은 각 갈래들의 존재 가능성에 대한 직접적인 정보를 제공해주었다. 양자역학에 따르면, 파동함수에 속한 각 파동묶음(갈래)의 해가 실제로 발생할 확률은 각 해를 제곱한 값에 정비례한다. 이것은 기본적으로 수학적 '실험'이나 다름없었다. 다시 말해, 산악 지형에서 구슬 몇 개를 굴리면 어떤 일이 벌

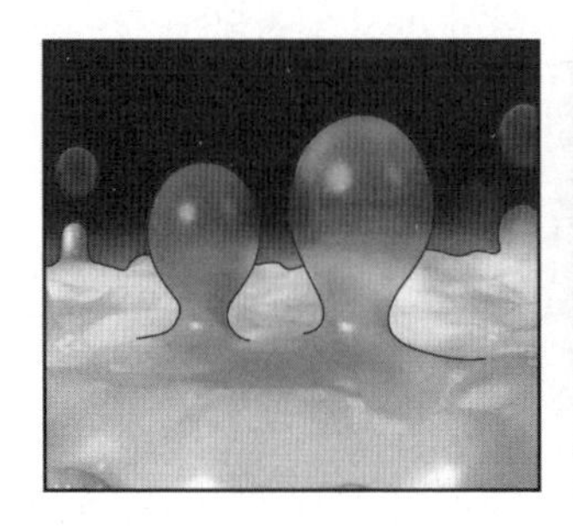

그림 11. 파동-우주들은 끈이론 경관 속 에너지 진공에서 자리를 잡는다. 그리고 실제 시공간에서 급팽창하는 물리적 우주로 전환된다.

어질지 알아보기 위해 실험을 설계하는 것과 같았다. 내가 찾고 있었던 에너지 지형은 양자입자 구슬이 결국 자리를 잡게 될 계곡이었다. 결과적으로 우주 파동함수의 다양한 해들과 각 갈래들이 자리를 잡게 될 진공 에너지를 통해, 나는 우리우주를 시작했던 것과 같은 초기 에너지를 우주 파동함수가 얻을 확률을 계산할 수 있었다.

나는 공책 한구석에 '경관에 대한 양자역학'이라고 적었다. 어쩌면 잊어버릴지도 모른다는 생각이 들어서였다. 그리고 일단 여기서 멈추기로 했다. 온갖 생각을 휘갈겨 쓴 공책을 잠시 치워두니 그 생각에서 벗어나는 데 도움이 되었다. 나중에 다시 돌아와 맑은 눈과 마음으로 들여다보면 논리와 계산에서 실수나 결함을 더 잘 발견할 수 있으리라 생각했다.

공책을 챙겨 집으로 가기 전에 담배를 피우러 나갔다. 고도의 집중력을 발휘했을 때, 좌절하거나 기대에 부풀어 있을 때, 문제 해결에 가까워졌지만 아직 도달하지 못했을 때, 나는 신선한 공기를 마시며 잠깐 휴식을 취하곤 한다. 휴식 시간은 새로운 아이디어에 대한 흥분을 억누르고 신중해지도록 도와준다. 머리를 맑게 만들어서 아이디어의 조각들을 의미 있게 조합하도록 해주기도 한다. 아이러니하게도 담배는 신선한 공기를 마시기 위한 구실이었다. 내가 담배를 피우기 시작한 것은 친구들이 알바니아를 탈출하기 위해 대사관 담을 넘는 모습을 지켜본 그날 밤부터였다. 그 후로 다시는 그들을 보지도, 소식을 듣지도 못했다. 나는 비교적 최근까지 담배를 끊지 못했다. 채플힐에 살았던 수년 동안, 담배와 클래식 음악은 내 일상의 동반자였다.

아이디어를 머릿속에 그려보면서 밖에 서 있는 동안, 내면의 독백이 멈추지 않고 계속 이어졌다. **모든 게 무척 아름답고 단순해. 왜 이렇게 오래 걸렸을까?**

아냐, 이렇게 단순할 리가 없어! 내가 뭘 놓치고 있는 거지?

이건 너무 뻔하잖아. 다른 사람들도 똑같이 생각했을 거야. 그러고는 타당하지 않다고 판단했겠지.

틀렸거나…… 바보 같은 생각이거나…… 둘 다일 거야. 그런데 왜 뭐가 잘못된 건지 알 수 없는 걸까?

카페 앞에 서 있는 동안 다양한 생각들이 스쳐 지나갔다. 다시 안으로 들어가 짐을 챙기는데, 공책 한구석에 적어둔 메모를 다시 들여다보고 싶다는 충동이 들었다. 갑자기 모든 방정식이 머릿속에서 흐르기 시작했다. 나의 아이디어가 어떻게 우주 탄생의 수수께끼에 대한 답으로 이어지는지 그때 알 수 있었다. 그 아이디어를 통해 나는 우리 우주가 탄생할 확률을 구할 수 있었고, 펜로즈가 우리우주의 존재 가능성을 추방한 늪에서 벗어날 수 있었다.

끈이론 경관은 정확히 내가 필요로 했던 출발점이었다. 단순히 답을 가정하는 대신 양자역학 규칙을 사용하여 답을 계산함으로써 나는 마침내 끈이론 경관과 우리우주의 기원을 관련지을 방법을 찾아냈다.

이 작업에는 중요한 함의가 있었다. 우주의 파동함수에서 에너지 경관으로 개념적 도약을 한다는 것은 양자론의 두 평행 노선(파동함수와 경관)을 중력 이론과 통합할 수 있음을 의미했다. 왜냐하면 우리우주는 138억 년 전만 해도 에너지로 가득 찬 양자 파동이었다가, 그 에너지의 강력한 중력이 지배하는 물리적 우주로 변화했기 때문이다.

들뜨면서도 피곤했던 나는 집으로 향했다. 늦은 시간이었지만 내가 발견한 것을 누군가에게 말해야만 했다. 나를 가장 열렬하게 지지하는 두 사람, 남편과 아버지에게 전화를 걸었다(남편은 해외에서 근무하던 터라 시차가 있었다). 두 사람 모두 내가 어떤 일을 하는지 알고 있었다. 지금이 몇 시든 새로운 진전이 있었다는 소식을 기꺼이 들어주리라는 건 분명했다.

우선 남편에게 아이디어를 열심히 설명했다. 그다음 부모님께 전화를 걸었다. 아버지가 전화를 받자 내가 물었다. "아빠, 티라나 라디오에서 나온 클래식 음악을 밤새도록 들었던 거 기억하세요?"

"그럼, 기억하고 말고."

"아빠, 제가 문제를 해결한 것 같아요."

"어떻게?" 아버지가 물으셨다. 전화기 반대편에서 부모님이 옥신각신하는 소리가 들렸다. "나도 딸이랑 얘기할 거야. 내 딸이기도 하다고." 어머니의 말에 아버지가 전화기를 양보했다. "엄마랑 먼저 얘기하렴." 어머니는 1년 전에 암 진단을 받고 이제 막 화학요법이 끝난 참이었다. 다행히 암세포의 진행은 성공적으로 억제되었다. 우리 가족은 어머니에게 유독 다정하게 대했다. 어머니가 아버지의 전화기를 빼앗았다. "그래. 잘 지내니, 우리 딸?" 하지만 어머니가 말을 잇기도 전에 내가 부탁했다. "엄마, 죄송해요. 정말 중요한 일이 있어서요. 얘기가 아직 안 끝났어요. 아빠 좀 바꿔주실 수 있어요?"

나는 숨도 쉬지 않고 단 몇 분 만에 자초지종을 설명했다. 아버지는 "흠" 하고 소리를 냈는데, 내가 하는 모든 말에 집중하면서 생각 중이라는 뜻이었다. 아버지가 말했다. "일단 엄마랑 얘기하렴. 널 보고 싶어 했단다." 하지만 나는 물러나지 않고 필사적으로 매달렸다. "그래도 아빠, 먼저 대답해주세요. 어떻게 생각하세요? 이게 말도 안 된다고 생각하세요?"

"아니…… 아름다운걸." 그때 두 분의 목소리가 함께 들렸다. "집에는 언제 들릴 거니?" 목소리에 묻어나는 그리움이 내가 집에 도착할 때까지 머릿속을 맴돌았다.

집에 도착하자마자 나는 침실로 향했다. 불을 켰을 때, 갑자기 누군가가 현관문을 두드리는 소리가 들렸다.

그 시간에 집에 올 사람은 아무도 없었다. 문 두드리는 소리가 점점 더 커지자 살짝 겁이 났다. 당시 한 남성 동료가 매일같이 나를 괴롭히며 위협을 가하고 있었다. 안타깝게도 자연과학 분야에서 경력을 쌓기로 한 여성에게는 흔한 일이었다. 내가 그의 위협과 접근을 성가신 일로 치부하며 무시하자 그 사람은 나를 '여왕님'이라고 부르며 조롱했다.

문 두드리는 소리가 점점 더 집요해졌고 멈출 기미가 보이지 않았다. 그때 베란다 쪽에서 실루엣이 보이더니 유리문을 두드리는 소리가 크게 들렸다. 나는 경찰서에 전화를 걸었다. 몇 분 뒤에 경찰이 도착하고 나서야 나는 문을 열었다.

경찰관은 이색적인 꽃으로 만든 아름다운 꽃다발을 들고 서 있었다. "부인에게 왔네요. 문과 창문을 두드리던 사람은 마지막 꽃 배달을 하던 참이었나 봅니다." 나는 경찰관에게 고맙다고, 또 미안하다고 했다. 경찰관이 말했다. "혹시 모르니까요. 잘하신 거예요."

꽃다발은 남편이 보낸 것이었다. 갑자기 웃음이 났다. 어쩌다가 채플힐 지역 경찰을 중요한 학술적 문제에 연루시킨 꼴이었으니까.

8장

다중우주로 향하다

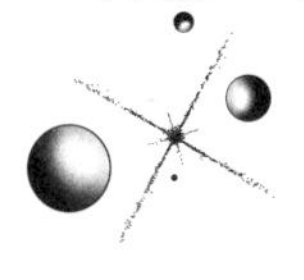

수학 없이 과학을 한다는 것은 상상도 할 수 없다. 수학은 우주의 통일된 언어이자 자연법칙이 기록된 언어이다. 갈릴레오의 표현을 빌리자면, "수학은 신이 우주를 기록할 때 쓴 언어이다".

나의 수학적 연구를 자세히 설명하진 않겠지만, 대신 아이디어가 싹트기까지의 여정을 간략하게 되짚어보려 한다. 그 과정에서 수학에 숨겨진 아름다움을 우리가 함께 나눠볼 수 있다면 좋겠다.

끈이론 경관에 대한 설명에서 살펴보았듯이, 일반적으로 물리학에서는 가능한 기원들의 집합을 '초기상태 공간'이라고 부른다. 우리는 우주에 대해 이야기하고 있으니, 각 초기상태는 우주를 만들 수 있는 상태이다. 그렇다고 해서 모든 초기상태가 우주를 만들 수 있는 건 아니다. 끈이론 경관의 에너지 집합은 나에게 계산을 수행할 수 있는 초기상태 공간을 제공해주었다.

다양한 기원의 집합에서 출발하면 수많은 다중우주의 가능성이 열린다는 사실을 나는 알고 있었다. 하지만 처음부터 그런 결과를 가정하기보다는 초기상태 각각의 우주 탄생 가능성을 계산하고 서로 비교해보고 싶었다. 어쩌면 단 하나를 제외한 모든 상태가 우주 탄생 가능성이 0이라는 답이 나올지도 몰랐다. 아니면 고유한 우주를 만들어낼 가능성이 높은 초기상태가 많을 수도 있었다. 하지만 책상 앞에 앉아 계산을 해보기 전까지는 알 수 없었다.

계산을 마쳤을 때 단 하나의 우주만 탄생했다는 결과가 나온다면, 나는 기꺼이 인정해야 했다. 우리우주가 존재할 가능성이 거의 없다는 펜로즈의 주장이 제기한 심각한 문제를 해결하려면 다른 방법을 찾아야 한다고 말이다. 하지만 계산 결과 상당수의 초기상태가 제각기 우주를 만들 수 있었다면(그럼으로써 우리우주가 해변의 모래알만큼 평범하다는 그림으로 이어진다면), 나를 포함한 물리학계는 우리우주를 다중우주의 일부로 간주해야 했다. 그리고 그에 뒤따라 나타날 다세계 해석의 모든 놀라운 함의도 진지하게 받아들여야 했다.

그때부터 나의 아이디어를 완전하게 구현하는 데 필요한 수학의 종류와 다음 단계에 대한 계획이 떠올랐다. 끈이론 에너지 경관을 따라 퍼져나가는 우주 파동함수를 얻어야 했는데, 그 목표를 달성하기 위해 풀어야 하는 방정식은 매우 복잡했다. 하지만 어떻게든 계산할 수 있다면 우리우주가 존재할 가능성을 추정하는 작업은 수월했다. 각각의 가능한 우주가 끈이론 경관에서 탄생할 확률은 각각의 파동묶음 해를 제곱함으로써 간단히 얻어지기 때문이다. 그 해들을 알면 우리가 선택한 모든 우주들 중에서 어느 원시우주들이 탄생하여 '급팽창'했을 가능성이 높은지 비교할 수 있었다. 그리고 마침내 우리우주가 생겨날 확률이 다른 가능한 우주에 비해 높은지 낮은지에 대한 의문을 해결할 수 있을 것이었다.

나는 다음 날부터 계산에 착수했다. 어려운 일이었다. 계산에 필요한 방정식은 매우 복잡했고 이해하는 데 상당한 노력이 필요했다. 우주 파동함수의 모든 갈래가 에너지 경관의 광활하고 복잡한 구조 속에서 퍼져나가며 변화하는 과정을 추적해야 했다. 하지만 그런 어려움은 문제가 되지 않았다. 굉장히 흥미진진했기 때문이다. 이러한 접근이 성공한다면 양자 힘과 중력의 상호작용이 어떻게 우리우주의 기원을 (단순히 가정하는 게 아니라) 설명할 수 있는지 보여줄 수 있었다. 더 나아가 그 상호작용은 어떻게 우리우주가 다중우주에서 유래했는지도 알려줄 터였다.

우주의 이야기는 끝나지 않았다. 나는 우주의 작동 원리를 탐구하는 우주론 탐험이 이제 막 시작되었다고 느꼈다. 과학은 또 한 번 도약할 준비가 되어 있었다. 이번에는 우리우주의 경계를 넘어 우주 탄생의 순간으로 거슬러 올라갈 것이었다. 전통적인 믿음의 토대 틈새에 숨어 있던 에버렛의 유령이 다중우주론과 함께 그곳에서 우리를 기다리고 있었다.

내가 꿈에 그린 과학적 도약은 카페에서 떠올린 한 문구에 담겨 있었다. **끈이론 경관에 대한 양자역학.** 이 문구를 시작으로 내가 만든 이론은 양자 경관 다중우주의 우주 기원 이론, 줄여서 '양자 경관 다중우주Quantum landscape multiverse' 이론이라고 불리게 되었다. 오늘날까지 내가 가장 자랑스럽게 생각하는 연구 성과이다.

이제부터 우리우주의 가능성 낮은 기원을 이해하려고 노력하는 과정에서 내가 어떻게 양자 경관 다중우주 이론에 도달했는지 설명하고자 한다. 그러기 위해서는 내가 수행한 계산과 해답을 도출한 과정을 더 자세히 살펴볼 필요가 있다. 우선, 양자 경관 다중우주 이론은 우주 전체를 양자 파동묶음으로 취급하는 관점을 토대로 한다.

태초의 순간에 우리우주의 크기가 불과 플랑크 길이의 몇 배밖에 되지 않았다는 것은 사실로 인정받고 있다. 우리가 알고 있는 가장 작은 양자입자보다 작은 크기이다. 우리의 원시우주를 우주 파동함수의 한 갈래로 간주함으로써 우주 전체에 양자론을 적용한다는 접근 방식은 바로 이 사실에 의해 정당화된다.

우주 파동함수는 파동의 다발로 이루어져 있다. 그렇다는 것은 우주 파동함수가 개별적인 양자 파동묶음 갈래들을 포함하고 있으며, 각 갈래는 잠재적으로 우주의 씨앗이 된다는 의미이다. 그렇다면 하나의 세계가 아닌 수많은 세계가 탄생할 수 있다. 양자역학의 파동-입자 이중성을 바탕으로, 우리는 우주 파동함수의 갈래들을 파동의 다발이나 양자입자의 빔(양자입자의 흐름), 둘 중 하나로 간주할 수 있다.

다음으로, 그 모든 갈래를 가진 우주 파동함수를 끈이론 경관에 풀어놓는다고 해보자. 그러면 무슨 일이 벌어질까?

지금까지 우주 파동함수에서 유래한 다중우주 그림은 에버렛이 제안한 양자역학 다세계 해석의 관점에 가까워 보였다. 하지만 그 그림은 오래가지 않았다. 양자 방정식을 푸는 첫 번째 시도에서 나는 우리우주가 끈이론 경관에서 어떤 에너지 지형을 선택했는지 알 수 있었다. 이는 놀라운 결과로 이어졌다.

이 점을 직관적으로 이해하기 위해 다음과 같은 상황을 상상해보자. 떠들썩한 물리학자들이 울퉁불퉁한 로키 산맥에서 실수로 구슬을 떨어뜨렸다(원한다면 레이크디스트릭트 산맥을 떠올려도 괜찮다). 구슬은 결국 계곡에 빠지고 말았는데, 계곡에서 가장 낮은 지점에 자리를 잡을 때까지 계속 굴러갈 것이다.

산맥에 따라 형태가 정해지는 지구의 중력 퍼텐셜에너지처럼, 끈이론 경관에도 고유한 에너지 계곡들이 있다.

다시 말해, 경관 전체에 '진공'들이 퍼져 있다. 끈이론 경관에는 수십 억 개의 에너지 계곡이 있는데, 각 진공(계곡)의 깊이는 낮은 에너지부터 높은 에너지에 이르기까지 무작위로 정해진다. 독자들은 여기서 진공을 문자 그대로 텅 빈 공간으로 생각했을지 모르겠다. 하지만 양자 규모의 끈이론 세계, 특히 11차원이 4차원으로 축소화된 끈이론 경관 세계에서 진공은 텅 비어 있지 않다. 오히려 진공은 기본적인 상태 또는 안정된 상태를 뜻하며, 가상의 구슬이 구르기를 멈추는 지점이다.

파동함수의 갈래들이 정착할 수 있는 퍼텐셜에너지 경관의 형태를 결정하는 것이 바로 이 무한 개에 가까운 진공들이다. 구슬 비유로 돌아가자. 에너지 계곡으로 이루어진 경관은 물리학자들이 오른 고전적인 산악 경관의 중력 퍼텐셜에너지와 비슷하다. 그리고 구슬들은 지형을 누비며 통과하려 하는 우주 파동함수의 파동-우주 갈래들(혹은 파동-입자 이중성에 따라 양자입자 빔)에 해당한다. 파동-우주들은 경관을 누비면서 다양한 경관 계곡의 에너지를 살피다가 결국 한 곳에 정착하게 된다.

내가 기존에 간과했던 부분과 카페에서 떠올린 아이디어를 설명하려면, 산 아래로 굴러떨어져서 다양한 계곡에 자리를 잡는 구슬의 비유 대신 다른 비유가 더 유용할 것 같다. 끈이론 경관을 누비는 우주 파동함수를 닮은, 우리에게 더 익숙한 양자계는 무엇이 있을까? 바로 전기 전도성이 좋은 긴 전선을 전자 빔이 통과하고 있는 계이다.

양자적인 관점에서 전선을 들여다보자. 우선, 수십 억 개의 원자가 있다. 그리고 '원자 지형'에 갇히지 않고 원자 사이를 흐르는 전자들이 있다. 여기서 우주 파동함수의 갈래들은 전선의 원자들을 통과하는 전자 빔과 같으며, 경관의 에너지 계곡은 원자들이 만들어낸 전기 퍼텐셜에너지에 해당한다. 전선에 불순물이나 기포 없이 한 종류의 원자만 동일한 간격을 두고 배치되어 있다고 해보자. 그런 완벽한 전선에서 전기는 전선 전체에 골고루 전도된다. 그렇다는 것은 전자들이 전선 내부에 갇히지 않는다는 뜻이다. 모든 전자는 한쪽 끝에서 다른 쪽 끝까지 하나도 손실되지 않고 이동하며, 따라서 전선에는 완벽한 전류가 흐르게 된다(현실의 전선은 완벽하지 않다. 불순물과 기포가 약간씩 섞여 있기 마련이다. 일부 전자들이 불순물 섞인 원자 속에 갇혀 끝까지 이동하지 못할 수도 있다. 그러한 경우, 전선에서 나오는 전자가 전선으로 들어가는 전자보다 적기 때문에 전류에 손실이 생긴다).

전선의 비유로 돌아가자. 순수한 전선 속에 배치된 원자들은 규칙적으로 배치된 에너지 진공 경관에 해당한다. 그 경관에서는 모든 진공이 동일한 에너지를 가진다. 하지만 우리가 에너지 경관에서 우주를 수확하려 한다면, 그렇게 완벽하게 정돈된 에너지 경관은 정말로 나쁜 소식이다. 경관을 누비는 우주 파동함수를 전선을 타고 흐르는 전자들에 비유한다면, 양자 파동묶음들이 완벽하게 전도된다는 것은 그 파동묶음들이 에너지 계곡에 갇히지 않고 경관을 완전히 통과한다는 의미이다. 파동묶음은 우주를 촉발할 만한 초기 빅뱅 에너지를 에너지 계곡으로부터 이끌어낸다. 그런데 그 어떤 파동묶음도 에너지 경관 계곡에 갇히거나 자리 잡지 않는다고 해보자. 그렇다면 우주는 실제로 자라나지 않을 것이다. 동일한 진공이 규칙적으로 배치된 질서정연한 경관은 불모지나 다름없다. 평탄하고 균일한 사막인 셈이다.

이제 양자역학을 끈이론 경관에 적용하는 마지막 단계를 살펴보자. 양자입자(또는 파동)가 외력(퍼텐셜에너지)의 영향을 받으며 움직이는 방식과 그 입자가 특정한 운동 경로를 취할 확률을 서술하는 방정식을 푸는 것이다. 이 과정은 산 아래로 굴러떨어지는 구슬을 상상하며 우리가 논의했던 것과 마찬가지이며, 전선을 따라 움직이는 전자의 양자적 행동을 연구할 때 물리학자들이 하는 작업과도 비슷하다. 방정식을 통해서 나는 우주 파동함수가 '불순물이 포함된 전선(무작위로 흩어진 퍼텐셜에너지 경관 계곡)'을 따라 움직일 때 무슨 일이 벌어지는지 알아낼 수 있었다.

우주 파동함수에 적용되는 양자 이론체계는 양자우주론Quantum cosmology이라고 불린다. 일반 양자론을 발전시킨 것인데, 실제 시공간(길이, 너비, 높이, 시간)에서 이루어지는 양자입자의 운동이 아니라 에너지 경관 공간과 같은 추상 공간에서 이루어지는 파동의 운동을 다룬다.

양자우주론은 일련의 방정식과 규칙을 제공한다. 그 방정식과 규칙은 에너지 경관 공간과 같은 추상 공간에서 우주 파동함수가 전파되면서 무슨 일이 일어나는지 알려준다. 또한 물리적 시공간의 실제 우주가 그러한 초기 파동과 에너지에서 어떻게 발생하는지도 설명해준다. 양자우주론의 창시자로는 에버렛을 옹호했던 과학자 브라이스 디윗이 있다. 또 한 명의 창시자는 에버렛의 지도교수였던 존 휠러이다. 우주 파동함수의 확률을 알려주는 방정식을 휠러-디윗 방정식이라고 부른다.

일반 양자역학에서 슈뢰딩거 방정식을 사용하는 것처럼, 양자우주론에서는 휠러-디윗 방정식을 사용한다. 그리고 끈이론 경관에 있는 우주 파동함수를 도입한다는 것은, 에버렛의 다세계 다중우주와 똑같은 방식으로 파동묶음 갈래들이 제각기 우주를 만들어낸다는 뜻이다. 이것은 다시 말하면 에버렛의 다세계 이론이 경관 이론에 포함되어 있다는 의미이다.

나는 우주 파동함수가 끈이론 경관 속에서 전파된다는 내 아이디어에 휠러-디윗 방정식과 양자역학의 확률 규칙을 적용했다. 그럼으로써 우리우주가 어떻게 선택되었는지 알 수 있었다. 또한 우리우주가 경관에서 어떤 에너지 지형을 선택해 빅뱅을 거쳤는지도 알 수 있었다. 아니, 그땐 그렇게 할 수 있다고 생각했다. 알고 보니 방정식에 사용되는 수학은 생각보다 더 어려웠다.

카페에서 떠오른 아이디어는 매우 매력적이었지만, 방정식의 해를 얻는 과정은 굉장히 복잡했다. 당신도 짐작할 수 있을 것이다. 우리우주가 경관에서 정착할 수 있는 계곡이 10^{600}개나 된다는 것은, 방정식에 사용되는 수학이 대단히 끔찍하다는 뜻이었다. 두 가지 선택지가 있었다. 엉성한 가정을 도입해서 경관을 단순화하거나(예를 들어, 무수히 많은 계곡이 아닌 단 두 개의 에너지 계곡을 포함할 정도로 경관의 규모를 줄여서 방정식을 다루기 쉽고 손으로 풀 수 있게끔 만들거나), 얼마나 오래 걸리든 단순화하지 않고 10^{600}개의 진공이 포함된 실제 방정식을 풀려고 하거나.

나는 응집물질Condensed-matter을 연구하는 물리학자들이 이미 비슷한 방정식을 풀었으리라 짐작했다(그들은 전자가 포함된 전선과 같은 물질을 연구한다). 그래서 나는 채플힐캠퍼스에서 응집물질을 연구하는 동료들과 상의한 후 6개월 동안 응집물질물리학 속성 강의를 들었다. 그 덕분에 끈이론 경관의 구조가 '양자점Quantum dot'과 '스핀유리Spin glass'라는 이색적인 응집물질 구조와 수학적으로 비슷하다는 점을 확인할 수 있었다. 다행스럽게도 이러한 문제를 해결하는 복잡한 수학적 방법은 응집물질 과학자들에 의해 아주 면밀하게 고안되어 있었다(그 방법은 임의행렬 이론Random matrix theory이라고 하는데, 해당 주제를 알고 있는 독자라면 친숙할 것이다).

나의 직감은 옳았다. 응집물질물리학으로 에둘러 간 끝에, 결국 완전한 끈이론 경관의 우주 파동함수에 대한 방정식을 풀 수 있었다. 만일 쉬운 길을 선택해서 경관을 두 개의 에너지 계곡으로 단순화했다면 틀린 답이 나왔을 것이다.*

내 해결책의 핵심 중 하나는 경관 진공 에너지의 크기와 그것들 사이의 거리가 각양각색이라는 사실이다. 다시 말해 경관은 평탄하고 균일한 사막과 전혀 다르다. 봉우리와 계곡과 언덕으로 가득 차 있다. 더군다나 이러한 비대칭적 특징에는 규칙도 없다. '순수한 전선'과 달리 무질서로 가득한 것이다. 이렇게 경관이 무질서하다는 특징이 매우 중요한 것으로 밝혀졌다.

무질서한 경관에서 무슨 일이 일어나는지 마음속에 그

* 이 프로젝트를 진행하던 도중에 나는 뛰어난 과학자이자 훌륭한 협력자인 아르칠 코바크시데Archil Kobakhidze와 힘을 합쳤다. 그는 당시 박사후 연구원이었으며, 현재 멜버른대학교의 물리학과 교수이다. 코바크시데의 면밀한 검토와 근면함은 내 연구에 반드시 필요했다.

려보기 위해, 전선을 통과하는 전자의 비유로 돌아가자. 순수한 전선이 아니라 불순물과 무질서로 가득한 절연 물질(가령 유리)로 만들어진 전선이 있다고 해보자. 그렇다면 원자들의 배열 속에 포함된 에너지 또한 불규칙하고 무질서할 것이다. 전자들은 물질을 끝까지 통과하지 못하고 갇히게 된다. 그래서 그런 물질을 절연체Insulator라고 부르는 것이다. 눈에 보이는 거시세계에서는 정말로 이런 일이 일어난다. 부엌에서 창문에 대고 전류를 흘리면 전자 빔이 유리 안에 갇혀 그곳에 머물게 된다. 유리 안에 갇힌(물리학 용어로 더 정확하게 말하자면 유리 안에 '국소화된Localized') 전자는 원자 하나하나를 따라 형성된 에너지 지형에 갇혀서 작은 파동묶음이 된다.

그렇다면 전자와 유리의 사례는 미시세계에서 어떻게 될까? 원자 현미경을 사용하면 유리 내부의 전자들을 관찰할 수 있다. 전자들의 국소화된 행동은 '양자간섭Quantum interference'의 전형적인 예시이다. 빛과 전자를 이용한 이중슬릿 실험을 떠올려보라. 바위가 많은 해안선에 파도가 와서 부딪히는 것처럼, 전자 파동묶음 또한 군데군데 배치된 원자들에 '부딪히면서' 전선을 통과하려 한다. 하지만 전자 파동은 원자 지형에 도달할 때마다 계속 산란되면서 두 부분(반사파Reflected wave와 투과파Transmitted wave)으로 나뉜다. 전자 파동이 산란이 더 많이 일어나는 지형을 지나갈수록 반사파와 투과파가 더 많아진다. 그 결과 물질 내부에 수많은 양자 파동이 발생한다. 그리고 2장에서 살펴보았듯이 파동들이 각 지점마다 합쳐지면서 간섭을 일으킨다.

원자가 무질서하게 배치된 경우, 전자 파동들의 위상은 어긋나게 된다. 파동들은 불규칙한 원자 지형에서 산란되어 '혼란'에 빠진다. 결국 전자 파동이 만드는 간섭무늬는 상쇄간섭의 무늬가 된다(94쪽의 〈그림 4〉로 확인한 현상이다). 그렇다는 것은 입자의 형태로 전선을 따라 이동하는 전자가 몇몇 원자 지형(대부분의 파동이 집중된 곳)에서는 갇혀 있지만 다른 곳에서는 발견되지 않을 수도 있다는 뜻이다(만일 내가 수많은 진공이 아닌 단 두 개의 진공으로 끈이론 경관을 지나치게 단순화했다면, 산란되어 합쳐지는 파동은 두 개뿐이었을 것이다. 진공이 두 개인 경관에서는 복잡한 간섭무늬와 국소화 현상이 절대 발생하지 않는다. 그러므로 끈이론 경관을 두 진공의 지형으로 단순화했다면 잘못된 물리적 결과가 도출되었을 것이다).

요약해보자. 무질서한 끈이론 경관을 통과하는 작은 양자우주 빔은 절연 물질 속을 통과하는 전자처럼 경관 내부에서 다양한 에너지 계곡에 갇히게 된다. 양자우주에 해당하는 이 작은 파동묶음들은 에너지 경관을 빠르게 통과하는 게 아니라 꼼짝도 하지 못한다. 이처럼 경관에서 무질서하게 분포된 진공 에너지가 파동함수의 갈래를 진공에 국소화하는 핵심 요소이다. 작은 양자우주들이 특정한 경관 에너지 지형에 '국소화'되면, 양자우주들은 진공 에너지를 취한 뒤에 빅뱅-인플레이션을 통해 팽창하게 된다.

결과적으로, 방정식에서 도출된 전체 그림은 다음과 같다. 우선 양자 파동-우주들이 경관을 통과하려 하다가 몇몇 진공에 갇힌다. 그리고 진공 에너지를 받아서 인플레이션을 거쳐 양자 원시우주에서 실제 거시 우주를 탄생시킨다. 이때 양자 파동-우주들이 각기 다른 진공에 정착하면 빅뱅 에너지 역시 달라진다. 왜냐하면 빅뱅 에너지는 에너지 경관 진공에 따라 결정되기 때문이다.

이 에너지 차이를 쉽게 머릿속에 그려볼 방법이 있다. 파동의 상쇄간섭과 보강간섭을 설명하면서 들었던 콘서트홀 예시를 기억하는가? 오케스트라의 모든 악기에서 나온 파동이 콘서트홀에서 합쳐질 때, 어떤 좌석(값비싼 좌석)에서는 증폭되고 또 어떤 좌석(값싼 좌석)에서는 상쇄된다. 콘서트홀의 좌석 하나하나를 에너지 경관 진공이라고 생각해보자. 우주 파동함수의 갈래들이 일으키는 간섭은 오케스트라의 음파가 일으키는 간섭과 비슷하다. 양자 파동 묶음은 대부분 한 지형에 집중되고 다른 곳에서는 0으로 사라진다. 마치 콘서트홀에서 값비싼 좌석(음악이 증폭되어 들리는 좋은 좌석)은 한 자리만 있고 나머지 좌석은 음악이 잘 들리지 않는 값싼 좌석인 것과 같다. 이 단 하나의 좋은 좌석이 바로 양자 원시우주가 자리 잡은 진공이다. 그렇다면 우리의 원시우주는 경관에서 어떤 '좌석'을 선택했을까?

방정식을 푸는 마지막 단계에서 처음으로 해를 구했을 때, 나는 기가 막혀서 말도 나오지 않았다. 터무니없는 해가 도출되었기 때문이다. 상황이 좋지 않았다. 우리우주의 탄생 가능성이 낮다는 원래 문제로 돌아가고 말았던 것이다. 내가 찾은 해에 따르면, 탄생할 가능성이 가장 높은 우주는 에너지가 가장 낮은 지형에서 시작되는 우주였다. 그렇다는 것은 저에너지 빅뱅이 우주를 만들어낼 가능성이 높다는 의미였다. 이 결과를 다시 해석하면 이렇다. 고에너지 빅뱅에서 태어난 우리우주는 또다시 존재 가능성이 매우 낮아진 것이다!

지금 돌이켜보면 이 터무니없는 답은 사실 그리 놀랍지 않은 것이었다. 책상 앞에 앉아서 계산하기 전부터 짐작했어야 했다. 산 아래로 굴러떨어지는 구슬처럼, 양자입자는 가장 낮은 에너지 계곡을 찾아갈 거라고 예상했어야 했다. 왜냐하면 그곳이 다른 곳보다 더 안정적이기 때문이다. 휠러-디윗 방정식을 풀려고 시도하기 전에 알아챘더라면 좋았을 텐데. 하지만 그러지 못했다.

처음 방정식을 푼 뒤로 나는 틈나는 대로 계산 과정을 찍어둔 사진을 들여다보면서 실수한 부분을 찾으려고 노력했다. 내가 무엇을 놓쳤을까? 어디서부터 잘못된 길로 들어선 거지? 노스캐롤라이나의 덥고 습한 산책로에서 고독을 느끼며 더 많이 걷고 더 많이 생각한 뒤에야 마침내 내가 놓쳤던 것이 무엇인지 깨달았다. 정말 많은 것을 놓치고 있었다!

첫 번째 시도를 통해 나는 우주 파동함수의 갈래들이 어떻게 다양한 경관 진공에서 국소화되는지 알 수 있었다. 하지만 나는 중요한 퍼즐 조각을 놓쳤다. 우주 파동함수에서 서로 얽힌 다양한 갈래들이 원시우주를 만들면서 분리Separation 또는 짝풀림Decoupling이 되는 현상을 미처 알아보지 못했던 것이다.* 파동함수 갈래들의 얽힘을 방정식에 포함하는 것만으로는 우리 기원의 확률 계산을 끝마칠 수 없었다. 이 프로젝트를 완료하려면 우주 파동함수에서 서로 얽힌 갈래들이 급팽창으로 고유한 우주를 만들면서 짝을 푸는 방법을 찾아야 했다.

서로 얽힌 양자입자들과 달리, 거대한 고전우주들은 서로 합쳐지거나 간섭되거나 얽혀 있을 수 없다. 다음 장에서 자세히 살펴보겠지만, 양자얽힘은 고전적인 물체에서는 볼 수 없는 순전히 양자적인 현상이다. 따라서 우리의 양자우주 그리고 우리우주와 얽힌 다른 우주들은 미시적

* 양자얽힘과 짝풀림은 다음 장에서 자세히 설명된다. — 옮긴이

인 양자 파동에서 거시적인 고전우주로 전환되기 전에 그 얽힘이 풀렸어야 한다. 얽힘을 푸는 메커니즘인 이 짝풀림 과정을 물리학에서는 '결어긋남Decoherence'이라고 부른다. 나는 결어긋남을 간과함으로써 우리우주 기원의 수수께끼로 다시 돌아오고 말았다. 내가 잘못 찾아낸 해는 탄생할 가능성이 가장 높은 우주가 가장 낮은 빅뱅 에너지에서 시작되는 우주임을 의미했기 때문이다.

결과적으로 연구의 최종 단계에서 결어긋남이 문제의 핵심이라는 점이 밝혀졌다. 양자 경관에서 탄생 가능성이 높은 우주들은 우리우주와 같이 고에너지로 탄생하는 우주였던 것이다! 우리 연구팀은 다음과 같은 점을 보여주었다. 첫째, 펜로즈의 추정과 달리 우리우주의 기원은 매우 가능성이 높다. 우리의 시작은 특별하지도, 유일하지도 않았던 것이다. 둘째, 우주의 기원 이야기는 이제 단순히 가정으로만 남아 있지 않고 자연법칙을 토대로 계산을 통해 도출해낼 수 있었다.

그야말로 짜릿한 순간이었다. 하지만 그 순간을 더 자세히 말할 여유는 없을 것 같다. 나는 원시우주들에 서로 다른 탄생 가능성을 부여한 양자 선택 과정이 실제로 작동했다는 점을 이제 막 발견할 참이었다. 그 양자 선택 과정은 우리우주가 어떻게 지금과 같아졌는지 설명하는 데 도움이 될 것이었다.

9장

우리우주의 기원

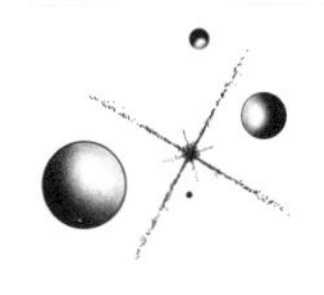

기념비적인 다세계 해석에서 휴 에버렛은 파동함수의 모든 갈래들이 우주로 탄생할 가능성이 동등하다고 주장했다. 하지만 나의 계산 결과는 달랐다. 끈이론 경관에 갇힌 파동함수 갈래들에서 생성되는 모든 우주는 탄생할 확률이 제각기 달랐다. 실제로 어떤 우주들은 존재 가능성이 0에 가까웠다.

우주의 선택 기준과 생존 가능성을 결정하는 핵심 요인은 두 가지이다. 첫 번째 요인은 양자 파동묶음이 경관 진공에서 '빌리는' 에너지이다. 그 에너지로 인해 원시우주에서 인플레이션이 촉발된다. 하지만 이야기는 여기서 끝나지 않는다.

두 번째 요인은 각각의 파동-우주 내부에서 일어나는 양자요동의 양이다. 양자요동도 인플레이션의 발생 여부와 각각의 파동묶음에서 우주가 생겨날지 여부를 결정하는 데 똑같이 중요한 역할을 한다.

축소화를 거친 뒤에(앞서 설명했듯이 축소화는 11차원 끈이론을 4차원으로 줄이는 데 사용되는 과정이다) 남은 경관 진공과 파동함수에서 양자요동이 일어난다. 원시우주는 양자적 대상으로 취급되기 때문에, 모든 원시우주는 불가피하게 양자요동을 포함할 수밖에 없다. 처음에 계산할 때는 이러한 요동을 고려하지 않았다. 하지만 알고 보니 양자요동은 우리우주의 탄생에서 무척 중요한 역할을 맡고 있었다. 양자요동이 곧 물질 입자이기 때문이다.

이처럼 새로운 양자우주 그림에는 두 가지 요인이 포함되어 있다. 양자우주들이 국소화되는 경관 진공 에너지와 양자요동 형태의 물질 입자. 그리고 양자론의 또 다른 불가피한 측면 때문에 우주 파동함수의 갈래들은 일종의 '양자 교차대화'에 참여하게 된다. 양자 교차대화, 즉 양자얽힘은 언뜻 보면 순간적으로 정보를 전달하는 것처럼 보인다(다른 양자입자들 사이에서도 똑같은 현상이 일어난다).

오늘날 양자얽힘은 신경망과 정신에 대한 연구 그리고 양자컴퓨터와 양자정보, 인공지능 분야에서 중심적인 역할을 맡고 있다. 이론물리학의 경우 양자얽힘은 양자 다중우주 기원을 이해하는 데 핵심적이다. 앞으로 살펴보겠지만, 놀랍게도 양자얽힘을 바탕으로 우리우주의 기원 이론을 과학적으로 검증할 수도 있다.

역사적으로 볼 때, 양자얽힘은 아인슈타인을 가장 많이 괴롭힌 양자 현상이었다. 아인슈타인은 단 하나의 객관적 실재를 굳게 믿었고, 제멋대로 얽혀 있는 가능한 우주들이 현실 세계에서 어떤 의미를 갖는지 알고 싶어 했다. 그는 양자 퍼즐에서 중요한 조각이 빠져 있다는 입장을 끝까지 고수했다. 특히 얽힘으로 인한 순간적인 정보 전달을 "유령 같은 원격작용"이라고 조롱했다.* 아인슈타인은 자신의 입장을 관철하기 위해 보어와의 논쟁에서 누구보다 뛰어난 장기를 선보였다. 사고실험을 고안해서 양자론에 대한 역설을 내세웠던 것이다.**

20세기 물리학의 두 거인은 이 논쟁으로 놀라운 지적 위업을 달성했다. 두 사람 모두 서로의 의견과 진리를 존중했다. 1920년에 보어에게 보낸 편지에서 아인슈타인은 다음과 같이 말했다. "나의 인생을 통틀어 선생처럼 존재 자체만으로 기쁨을 준 사람은 많지 않았소." 아인슈타인의 사고실험 때문에 궁지에 몰릴 때마다 보어는 논쟁에서 승리하기 위해 조금 더 열심히 생각해야 했다. 양자론은 이렇게 한 걸음 한 걸음 발전했다.

'유령 같은 원격작용' 문제와 아인슈타인의 역설은 양자얽힘이 파동-입자 이중성에 크게 의존한다는 사실이 밝

* 그 어떤 정보도 빛의 속력보다 빠르게 전달될 수 없기 때문이다.—옮긴이

** 양자얽힘을 직접 겨냥한 역설 중에서 가장 유명한 것은 'EPR 역설'이다. 이 역설의 명칭은 알베르트 아인슈타인, 보리스 포돌스키Boris Podolsky, 네이선 로즌Nathan Rosen의 이름을 따서 지어졌다. 1937년에 EPR 역설이 발표되었을 당시 로즌은 노스캐롤라이나대학교 채플힐캠퍼스의 이론물리학 그룹에 소속되어 있었다.

혀지면서 해결되었다(더 자세한 내용은 앞으로 설명될 것이다). 얽힌 입자들의 특성은 순전히 양자적이다. 따라서 입자들은 고전적 의미의 정보를 전달하지 못한다. 얽힘은 오로지 양자세계의 현상이며 고전세계에서는 일어나지 않는다. 따라서 정보가 빛보다 빠르게 교환될 수 없다는 고전세계의 제한은 무사히 유지되었다.

양자세계의 얽힘은 어떻게 작동할까? 이를 시각화하는 가장 쉬운 방법은 우리에게 익숙한 입자인 전자를 생각하는 것이다. 전자는 순전히 양자역학적인 현상인 '스핀Spin'이란 성질을 가진다. 고전세계에는 스핀과 대응되는 개념이 없다. 전자의 스핀을 머릿속에 그려보는 한 가지 방법은, 전자가 중심축을 따라 회전하고 있을 때 그 회전을 스핀이라고 생각하는 것이다. 입자가 지닌 스핀의 값은 양자적 정체성이나 다름없다. 태어날 때부터 갖고 있는 반점처럼 결코 변하지 않기 때문이다. 양자입자마다 스핀의 값이 다르다. 전자는 '스핀 업Spin up(스핀 값이 +1/2)' 또는 '스핀 다운Spin down(스핀 값이 -1/2)' 상태일 수 있다.

이제 두 개의 전자를 포함한 원자가 있다고 생각해보자. 이 원자는 일종의 대칭성 때문에 총 스핀이 0인 상태이다. 다시 말해, 한 전자가 스핀 업 상태로 밝혀진다면 다른 전자는 반드시 곧바로 스핀 다운 상태가 된다. 한 전자가 시계 방향으로 회전하면 다른 전자는 시계 반대 방향으로 회전할 수밖에 없다는 뜻이다. 두 전자의 스핀을 더하면 항상 0이 된다. 중요한 것은, 두 전자가 동일한 원자 주변에서 동일한 궤도를 돌고 있든 아니면 우주에서 멀리 떨어져 있든 간에 이 대칭성(하나가 스핀 업이면 다른 하나는 스핀 다운)이 유지된다는 점이다.

두 전자는 어떻게 서로의 스핀 방향(부호)을 알아냄으로써 위치와 무관하게 항상 반대 방향으로 스핀을 결정하는 것일까? 방법은 하나밖에 없다. 어떻게든 전자쌍이 스핀 정보를 서로 '전달'하고, 한 전자가 스핀 업이 되면 자동으로 다른 전자가 그걸 알아서 즉시 스핀 다운이 되는 것이다. 양자입자 사이에서 이루어지는 이러한 상호작용을 '양자얽힘'이라고 한다. 우리가 든 예시에서는 두 전자가 서로 '얽혀' 있다. 결혼이나 쌍둥이 관계처럼 두 양자입자는 한번 얽히면 평생 얽힌 상태로 유지된다. 예를 들어, 전자 한 쌍을 멀리 떨어트려 놓아도(한 전자를 태양 표면에, 다른 전자를 지구에 놓는다고 해보자) 두 전자는 계속 얽힌 채로 스핀 정보를 순간적으로 전달할 수 있다.

이런 설명이 기묘하게 느껴진다면, 그것은 그 특징이 실제로 기묘하기 때문이다. 멀리 떨어진 두 전자 사이에서 순간적으로 정보 전달이 이루어진다는 것은 정보의 이동 속력이 무한대라는 뜻이다. 하지만 아인슈타인이 알려주었듯이, 자연의 그 어떤 존재도 빛보다 빠를 수 없다. 아인슈타인이 "유령 같은 원격작용"이라고 깔보듯 말하며 이 양자적 특징에 반대한 것도 바로 그래서였다.

하지만 겉보기와 달리 양자얽힘은 아인슈타인의 광속 제한을 위반하지 않는다. 우리가 예로 들었던 전자 시나리오에서는 그 어떤 고전적인 정보도 무한히 빠르게 이동하지 않는다. 정보가 무한히 빠르게 이동하지 않는데 어떻게 서로의 스핀 방향을 즉각 알게 되는 것일까? 양자역학의 파동-입자 이중성을 떠올려보자. 양자입자는 단순히 한 위치에 존재하는 점 같은 물체가 아니다. 무한대까지 퍼져 나가는 파동이기도 하다. 따라서 멀리 떨어져 있는 양자입자들은 서로 만나기 위해 이동할 필요가 없다(즉, 거리를 가로질러 정보를 전달할 필요가 없다). 그 대신 먼 거리를 사이에 두고도 항상 접촉하고 있다. 양자적으로 얽혀 있는 것이다(〈그림 12〉).

양자얽힘은 순전히 양자 영역에서 일어난다는 사실을 떠올리면서 나는 다음과 같은 사실을 깨달았다. 우리우주가 그저 끈이론 경관에 놓인 우주 파동함수의 한 갈래인 시점에서 나의 추론은 시작되었다. 그 점에서 나는 옳은 궤도에 올랐다. 하지만 어떻게든 다른 갈래와의 얽힘을 없앨 필요가 있었다. 우리우주와 같은 고전우주를 모순 없는 방식으로 만들려면 반드시 얽힘을 풀어야 했다.

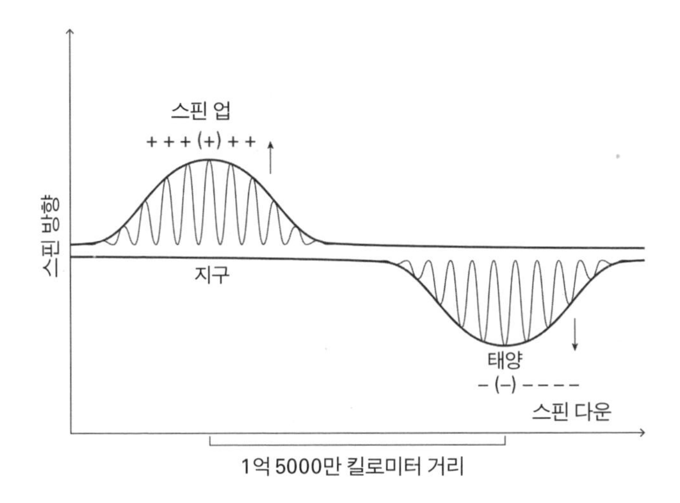

그림 12. 두 전자의 얽힘(두꺼운 선과 물결치는 선의 한 세트가 전자 하나를 나타낸다). 두 전자는 파동으로서 무한대로 퍼져 나간다. 두 전자가 점 입자라면 정보를 보내기 위해 둘 사이의 거리를 가로질러 빛 신호를 보내야 할 것이다. 우리의 예시에서 둘 사이의 거리는 태양과 지구 사이의 거리인데, 그렇다면 빛 신호는 한 전자에서 다른 전자까지 가는 데 약 8분이 걸린다. 하지만 두 전자는 파동으로서 접촉을 유지하고 있기 때문에, 정보를 전달하기 위해 이동할 필요가 없다. 따라서 정보 교환이 지연되지도 않는다. 그러므로 한쪽이 스핀 업이 되면 다른 쪽은 그것을 즉각 알고 스핀 다운이 된다. 마찬가지로, 한쪽이 시계 방향으로 돌면 다른 쪽은 즉각 시계 반대 방향으로 돌게 된다. 이러한 일은 광속 제한을 위반하지 않고도 일어난다.

이러한 양자-고전 전환(양자우주에서 고전우주로의 전환)을 구현하려면 두 번째 핵심 요인인 양자요동 효과가 필요했다. 탄생할 가능성이 있는 우주들이 경관 어느 곳에 갇히는지 그리고 어디서 어떻게 생존하는지는 양자요동이 결정한다.

양자요동을 살펴보면 파동함수의 미시적 과정을 탐구할 때 이를 고려하는 것이 왜 중요한지 알게 된다. 양자요동은 각 파동묶음 자체와 파동묶음이 자리 잡는 경관 진공에 영향을 미친다. 그럼으로써 파동묶음에서 우주가 탄생할 확률을 완전히 바꿔놓는다. 하지만 안 그래도 복잡한 방정식 집합(우주 파동함수가 광활한 경관을 어떻게 통과하는지 알려주는 방정식 집합)에 무한한 수의 요동을 포함하는 것은 불가능한 일처럼 보였다.

하지만 결국 호기심이 이겼다. 혼자 감당하기에는 버거운 일이었지만, 나는 나를 도와줄 완벽한 사람을 알고 있었다. 양자우주론의 전문가이면서도 유머 감각이 뛰어난 유쾌한 동료였다. 수업을 마친 어느 날 아침, 나는 카네기멜런대학교 물리학과의 리처드 홀먼Richard Holman에게 전화를 걸었다. 내가 저질렀을지 모를 실수를 냉철하게 비판하고 새로운 시각을 제공해주리라 기대했다. 홀먼은 나의 연구에 흥미를 보였다. 하나의 프로젝트로 시작된 작업은 수년간의 즐거운 공동 연구로 발전했다. 연구가 막힐 때마다 홀먼은 농담 한 마디와 유쾌한 태도로 분위기를 전환해주었다.

우리는 양자 경관에 놓인 우주 파동함수에 대한 계산을 되짚기 시작했다. 어려운 작업이었다. 이번에는 무한하다시피 한 경관 진공과 더불어서 우리우주 갈래와 약하게 결합되어 있는 무한한 수의 양자요동까지 고려해야 했다. 경관을 가득 메운 양자요동은 파동함수의 갈래들이 경관에서 퍼져 나가는 것을 '지켜보았다(양자요동이 지켜본다니? 슈뢰딩거의 고양이 사고실험에 대한 휴 에버렛의 연구를 떠올려보라. 에버렛은 고양이와 관찰자 모두 양자적 대상으로서 서로를 계속 지켜볼 수 있다고, 즉 관측할 수 있다고 결론지었다)'.

하지만 양자얽힘은 순전히 양자적인 현상이므로 고전우주들은 양자입자처럼 서로 얽혀 있을 수 없다. 양자우주들은 보편적 우주 파동함수 속에서 함께 얽혀 있는 파동으로 시작해 서로 끊임없이 정보를 주고받고 있다. 그런 양자우주들이 고전우주가 되려면 거대한 우주 공장의 사슬 속에서 서로 분리되어 독립적인 개성을 확보해야 한다. 양자우주들은 '결어긋남'이라는 과정을 통해 얽힘에서 풀려난다.

결어긋남은 파동묶음들 간의 관계를 파괴한다. 그럼으로써 파동묶음들이 양자 파동에서 급팽창하는 우주로 전환될 때 서로의 짝을 풀어준다. 양자입자들은 결어긋남 덕분에 얽힘을 풀고 양자적 성격을 잃는다. 양자적 대상에서 고전우주로 전환되는 방식이 바로 결어긋남이다. 양자세계와 고전세계라는 두 세계의 경계를 돌이킬 수 없이 횡단하는 것이라고 생각하면 된다. 양자세계는 엔트로피가 0이고 지배하는 규칙이 다른 세계인 반면, 고전세계는 엔트로피가 증가하고 시간이 비가역적으로 흐르는 세계이다.

미시적으로 보면, 결어긋남은 파동함수와 환경(파동함수가 푹 잠겨 있는 양자요동 '웅덩이')의 상호작용으로 발생한다. 파동함수는 웅덩이와 상호작용을 하면서 단일한 값과 위치로 고정된다. 그럼으로써 본래 갖추고 있던 양자적 불확정성을 영영 잃어버린다.

결어긋남을 이해하는 한 가지 방법은 금광석에서 순금을 분리하는 과정을 떠올려보는 것이다. 금광석을 뜨거운 붕사(붕소 화합물) 웅덩이에 넣으면 금광석에서 다양한 물질이 녹아 나온다. 금광석에 들어 있는 다양한 광물은 저마다 붕사 웅덩이와 다르게 반응한다. 녹는점에 도달한 광물은 다른 광물과 분리된다. 결과적으로 붕사와 상호작용을 거의 하지 않는 금만이 바닥에 가라앉는다.

다시 원래의 논의로 돌아오자. 순금 분리 비유에서 금광석은 모든 갈래들이 뒤섞인 우주 파동함수이다. 파동함수가 푹 잠겨서 상호작용을 하는 웅덩이(붕사)는 우주의 성장을 막으려 하는 양자요동의 집합이다. 파동함수의 갈래들은 양자요동 웅덩이와 얽히면서 갈래들끼리는 서로 분리된다(즉, 결이 어긋난다). 그 과정에서 고유한 빅뱅-인플레이션을 일으키는 데 필요한 에너지를 경관 진공으로부터 가져온다.

결어긋남은 순식간에 일어난다. 결어긋남이 끝나는 즉

시 에너지 경관 지형에 위치한 우주 파동함수 갈래들은 인플레이션으로 개별 우주를 성장시킨다. 결어긋남이 완료되면 우주들은 제각기 고유한 정체성을 확보하고 양자적 불확정성에서 벗어난다. 그리고 다른 우주들과의 짝이 풀린다. 마지막으로 다른 우주들의 성장 과정과는 별개로 고유한 시공간을 만들어낸다.

예전에는 양자요동 웅덩이와 결어긋남 문제를 해결하는 것이 우리우주 기원의 확률을 도출하는 작업에 얼마나 중요한지 미처 깨닫지 못했다. 알고 보니 그게 바로 우리우주의 가능성 낮은 기원 수수께끼를 푸는 열쇠였다.

결어긋남과 얽힘은 서로 밀접하게 연관되어 있다. 고에너지 경관 지형에 정착한 우주 파동묶음들은 양자요동의 중력으로 몇몇 군데만 '찌그러질' 뿐(원래 모양이 약간만 변화할 뿐) 계속 살아남는다. 그리고 급격한 인플레이션으로 우리우주와 같은 거시적 우주를 만들어낸다. 앞으로 우주가 될 우주 파동함수의 갈래들은 주변의 양자요동 웅덩이와 얽히면서 갈래들끼리 서로 분리(결어긋남)된다. 그렇다면 초기의 얽힘(우주를 탄생시킬 가능성이 있는 모든 갈래들의 교차대화)이 오늘날 우리우주에 남긴 흔적을 이론적으로 찾아낼 수 있을까? 나는 궁금했다. 기원 이야기를 되짚어서 우리의 파동-우주가 다른 파동-우주와 얽혀 있던 양자 경관까지 거슬러 올라갈 수 있다면, 결어긋남의 순간은 우리가 고전세계를 넘어 저 건너편까지 우주의 진화를 추적할 수 있는 시점일 것이다. 우리우주가 양자 파동묶음에 불과했던 그 건너편까지 말이다.

무한에 가까운 경관 진공뿐 아니라 무한한 수의 요동을 고려하면서 양자 경관에 놓인 우주 파동함수를 계산하는 동안, 홀먼과 나는 우리가 계속 찾고자 했던 것을 발견했다. 양자요동 웅덩이와의 상호작용을 통해서 파동함수의 갈래들은 서로 결이 어긋나게 되는데, 그 측정 과정에서 갈래들의 성질은 변하지 않는다.★ 다음 단계는 각 갈래들이 고전우주가 되었을 때 갈래들의 진화에 양자요동이 미친 최종 효과가 무엇인지 계산하는 것이었다. 갈래들의 계가 얼마나 복잡한지 생각하면, 최종적인 해가 무엇일지 짐작할 수조차 없었다. 하지만 반년 동안 집중적으로 연구한 끝에 우리는 답을 발견했다. 그것은 노력을 기울일 만한 가치가 있었다.

우주 파동함수의 갈래들은 다양한 에너지 경관 진공에 자리를 잡고 에너지를 받아서 개별 우주로 진화한다. 그런 다음 결어긋남 과정을 거쳐서 얽힘을 풀고 고유한 정체성

★ 이때 측정이란 양자요동이 파동함수 갈래를 '지켜보는' 것을 의미한다. 앞서 살펴보았듯이 측정의 주체는 반드시 인간일 필요가 없다. 고양이일 수도 있고, 양자요동일 수도 있다.—옮긴이

을 획득한다. 마지막으로 인플레이션을 통해 고전우주로 성장한다.

우리가 발견한 것은 다음과 같다. **양자 경관에서 탄생할 가능성이 높은 우주는 고에너지에서 시작하는 원시우주라는 것이다!** 천체물리학적 관측과 인플레이션 우주론을 통해 우리가 알고 있는 우리우주처럼 말이다. 우리의 연구 결과에 따르면, 138억 년 전에 탄생한 우리우주는 결코 특별하지 않았다. 우리는 추측이 아닌 계산을 통해 우리우주의 기원을 도출했다. 시공간의 장막을 들어올려 우주의 더 큰 캔버스인 다중우주를 들여다보니, 우리우주의 탄생 가능성이 매우 낮다는 펜로즈의 결론은 틀린 것으로 밝혀졌다. 우리는 더 거대한 그림과 역동적인 과정을 들여다보았다. 다시 말해, 에너지만 충분하다면 우주들이 끊임없이 생겨나는 광막한 양자 경관 다중우주를 들여다보았다. 그러자 우리우주의 존재 가능성이 매우 낮다는 수수께끼가 무너져내렸다.

더 나아가 우리의 결과는 에버렛이 제안한 다세계의 그림과도 달랐다. 우주 파동함수의 모든 갈래들이 우주로 탄생할 가능성은 저마다 달랐던 것이다. 각 갈래가 우주가 될 확률은 역동적인 선택 규칙에 따라 달라졌다. 그 선택 규칙이란, 갈래가 국소화되는 경관의 에너지와 경관에 포함된 양자요동의 양이다. 선택 기준을 알지 못했던 에버렛은 파동함수의 각 갈래가 우주를 탄생시킬 가능성이 똑같다고 가정했다. 에버렛이 박사 학위 논문을 쓴 지 20년이 지난 뒤에야 결어긋남 개념이 발견되었으니 이해할 만한 일이다. 우주 파동함수의 갈래에 가중치를 부여할 방법이 없었기 때문에 에버렛은 '무지의 원리The principle of ignorance'를 바탕으로 이론을 세웠다. 다시 말해, 각 우주가 존재할 가능성을 추정할 수가 없었으므로 모든 우주(고에너지든 저에너지든)가 동일한 존재 가능성을 지닌다고 가정했다.

홀먼과 나는 에너지 경관에서 원시우주를 선택하는 새로운 메커니즘을 도출했다. 그 메커니즘에 따르면 에버렛의 가정은 옳지 않았다. 낮은 에너지에서 시작하는 몇몇 우주들은 탄생 가능성이 0에 가까웠다. 반면 우리우주처럼 에너지가 높은 다른 많은 다중우주는 탄생 가능성이 매우 높았다. 오직 환경에 적응하는 우주들만 살아남는 셈이다. 기억하는지 모르겠지만, 단순히 해를 제곱하기만 하면 확률을 알 수 있다. 따라서 파동함수의 갈래들에 대한 해가 서로 다르다면, 우주를 탄생시킬 확률도 서로 다르다.

물리적으로 볼 때 양자요동은 물질 입자처럼 행동한다. 양자요동은 작은 양자우주를 요동의 무게로 짓눌러서 블랙홀로 만들려고 한다(물리학에서는 물질이 '양의 열용량Positive heat capacity'을 가진다고 말하는데, 이것은 그 물질이 끌어당기는 중력을 만든다는 뜻이다). 반대로 경관 진공 에너지는 초기 우주를 인플레이션 단계로 몰아넣는다(물리학에서는 에너지의 중력장을

'음의 열용량Negative heat capacity'을 가진 계라고 부르는데, 이것은 그 중력장이 밀어내는 중력을 만든다는 뜻이다). 우주 파동함수의 각 갈래는 두 가지 에너지를 포함한다. 하나는 그 갈래가 경관 계곡에 정착하면서 취한 에너지이며, 다른 하나는 양자요동 형태의 입자들로부터 취한 에너지이다. 결과적으로 원시의 파동-우주는 격렬한 줄다리기에 돌입한다. 파동-우주 갈래가 경관 진공에 정착하면서 취한 에너지는 우주를 가속팽창시키려 한다. 반대로 경관 진공 내부에서 물질처럼 행동하는 양자요동은 우주의 성장을 멈추고 우주를 짓뭉개서 블랙홀과 비슷한 것으로 만들려고 한다. 두 에너지 사이에서 주도권 싸움이 벌어지는 것이다.

이 과정은 어떻게 진행될까? 앞서 빅뱅-인플레이션과 암흑에너지에 대해 이야기했을 때, 암흑에너지가 작은 양자우주를 매우 빠르게 급팽창시킨다고 설명했다. 하지만 물질이 끌어당기는 중력을 만든다는 점을 떠올려보라. 물질은 초기의 양자우주를 한 점으로 짓뭉개면서 내용물을 압축한다. 마치 블랙홀처럼 말이다. 우리는 물질이나 에너지로 가득 찬 작은 우주에서 이런 일이 발생한다는 것을 아인슈타인의 방정식을 통해 알고 있다. 아직 경관의 계곡 어딘가에서 국소화된 파동묶음에 불과한 양자우주의 각 갈래들은 물질(양자요동을 통해 양자우주의 팽창을 멈추려 한다)과 에너지(양자우주를 급팽창시키려 하는 경관 진공 에너지)를 모두 포함하고 있다. 줄다리기에서 누가 우세한지에 따라 경관의 에너지 지형에서 우주가 태어날지 여부가 결정된다.

그렇다는 것은 우리우주가 탄생할 가능성이 극히 낮다는 기존의 추정이 잘못되었다는 뜻이다. 고에너지에서 급팽창하며 시작된 (우리우주와 같은) 우주들은 경관에서 탄생해 거시적 우주로 성장할 가능성이 **굉장히 높다.** 반면 경관의 저에너지 지형에 정착한 파동묶음은 성장하지 못한다. 양자적 크기로 짓눌린 채, 관측 가능한 고전우주를 결코 만들지 못하고 결국 영원히 작은 양자 파동묶음으로 남는다. 이른바 '종단우주Terminal universe'가 되는 것이다. 실제로 우리는 파동-우주가 어느 진공에 자리 잡느냐에 따라 그 파동-우주가 거대한 고전우주로 성장할 확률을 계산할 수 있었다.

결과적으로, 양자 경관 다중우주에서 우주가 탄생하는 과정에는 선택 메커니즘이 작동하고 있었다. 각 갈래들 내부에서 물질의 끌어당기는 중력(양자요동에 해당하는 물질의 작용)과 밀어내는 중력(빅뱅-인플레이션으로 우주를 성장시키는 에너지 경관의 중력)의 경쟁이 벌어지고 있었던 것이다. 중력의 줄다리기를 통해 자연은 그 특유의 '자연선택'을 보여준다. 원시우주들에게 각기 다른 생존 가능성을 부여하고, 종단우주는 고전세계로 성장하지 못하도록 멸종시킨 것이다.

끈이론 경관에 놓인 우주 파동함수를 다루는 휠러-디윗 방정식은 양자역학의 슈뢰딩거 방정식과 마찬가지로 하나가 아닌 수많은 원시 파동-우주 해를 제공한다. 파동-우주 갈래들은 제각기 다른 경관 진공에 국소화되어 있다(일부는 고에너지 진공에, 일부는 저에너지 진공에 있다). 몇몇 해들(종단우주)이 이론에서 사라지긴 하지만, 고에너지 경관 진공에서 태어나 성장하는 생존 우주들의 수는 여전히 매우 많다. 그 우주들이 모여서 전체 양자 다중우주를 형성한다.

밀어내는 중력과 양자요동을 방정식에 포함함으로써 우리는 끈이론 경관을 '적응도 경관Fitness landscape'으로 변모시켰다. 고에너지 경관 진공에 정착해서 고에너지로 급팽창하는 '적응도 높은' 우주들만이 살아남는다. 그리고 성장을 거듭하며 거시 우주가 된다.

이것이 바로 우리가 발견한 것의 핵심이다. 우리우주의 존재 확률이 바뀌었다! 양자 경관에서 우주가 될 가능성이 매우 높은 해들은 엄청난 고에너지에서 시작되는 갈래들이었다. 마치 우리우주처럼 말이다! 우리가 도출한 우리우주의 존재 가능성에 따르면, 우리우주의 기원은 특별하지도 않고 미세조정을 거치지도 않았다. 단지 밀어내는 중력과 양자요동으로 결정되는 '진화적 선택' 덕분에 탄생 가능성이 높아진 것뿐이었다.

계산을 마친 지 일주일이 지났다. 홀먼과 나는 감정의 롤러코스터를 타고 있었다. 계산을 마친 다음 날에는 우리 둘 다 계산을 완수했다는 사실에 어리둥절해했다. 그다음 날, 우리는 미국에서 가장 행복한 사람들이었다. 웃음이 그치지 않았다. 셋째 날에는 의심에 휩싸였다. 우리가 찾아냈다고 생각한 이 매력적인 답은 물리학계에 파문을 몰고 올 주장이었다. 아직 파악하지 못한 어떤 이유 때문에 이 답에 오류가 있을지도 모른다는 생각이 들었다.

과학의 역사에 관한 책을 읽으면서 배운 교훈이 있다면, 그것은 겸손함이었다. 아버지가 나에게 들려주신 엔리코 페르미에 대한 이야기가 떠올랐다. 페르미는 노벨상을 받은 물리학자이자 원자폭탄의 설계자이다. 아버지의 말에 따르면, 원자폭탄을 완성하기 직전 페르미의 연구팀이 흥분에 휩싸였을 때에도 페르미는 그날 저녁 연구팀에게 핵계산 작업을 중단하고 휴식을 취하라고 권했다고 한다.

아버지는 그 이야기의 교훈을 이렇게 설명하셨다. 언제나 신중하게 행동하고, 흥분을 가라앉힐 것. 중요한 일을 서둘러선 안 된다는 것. 과학 마라톤이 거의 끝나 지쳐 있을 때면 실수를 저지르기 십상이다. 힘든 상태인 만큼 잠시 작업을 멈추는 게 좋다. 일단 문제와 거리를 둔 뒤에 다시 돌아와서 새로운 관점으로 확인하고, 확인하고, 또 확인해야 한다. 계산을 마친 지 일주일이 지났을 때, 홀먼과 나는 그렇게 하고 있었다. 그리고 한 달간 프로젝트를 중단했다. 다시 돌아와 계산을 확인한 후, 우리는 학술지에 논문을 투고하고 온라인 물리학 아카이브에 논문을 업로드했다.

계산을 끝마친 홀먼과 나는 우쭐함과 긴장감을 동시에 느꼈다. 우리는 우리우주의 기원과 그 시공간 경계 너머에 존재하는 세계의 기원에 대한 답을 수학적으로 도출하는 방법을 찾아냈다. 우리는 우리가 옳다고 믿었다. 하지만 우리우주의 나머지 구성원들도 동의할까?

홀먼과 나는 발견을 축하하면서도 '경관이 초래한 위기 Landscape crisis(10^{600}개의 가능한 우주)'를 돌파하기 위한 대안적 해답들을 진지하게 고려했다. 물리학계 동료들이 그 해답들을 한창 연구하고 있었다.

경관이 초래한 위기를 피하기 위한 한 가지 대안은 끈이론 경관에 일종의 주석을 다는 것이었다. 이 접근법은 끈이론 경관에서 주어진 선택지를 합리화하고 제한했는데, 이른바 '인류원리 Anthropic principle'에 토대를 두었다.

인류원리에 따르면, 어느 우주가 살아남아서 생명체의 거주를 허용하는지는 사실상 관찰자들이 선택한다(즉 생명체의 존재 자체가 그러한 우주의 존재를 입증한다). 인류원리 추론은 보어의 파동함수 붕괴, 혹은 더 거슬러 올라가 르네 데

카르트René Descartes의 유명한 경구 "나는 생각한다, 고로 나는 존재한다"를 21세기에 다른 형태로 소환한 것이나 다름없다. '경관이 초래한 위기'를 해결하려는 이러한 노력은 본질적으로 "나는 생각한다, 고로 나는 존재한다"라는 주장과 더불어 우리 같은 우주의 관찰자가 항상 우주의 존재를 증언할 수 있다는 생각을 옹호한다. 마치 과거에 보어가 관찰자를 앞세워서 하나의 '진짜' 양자입자를 선택한 것처럼, 인류원리는 하나의 '진짜' 우주를 선택하고 나머지 광활한 끈이론 경관은 무의미한 것으로 폐기한다.

인류원리는 과학이라기보단 철학이다. 인류원리의 논리는 다음과 같은 동어반복으로 가장 잘 표현된다(다시 말해, 항상 '참'일 수밖에 없다). **이 우주는 존재하며 또한 진짜 우주이다. 왜냐하면 지각 있는 존재인 우리가 우주의 존재를 목격하고 있기 때문이다.** 우리는 원소를 만드는 별 공장과 은하를 포함한 길고 복잡한 과정을 통해 지금 이곳에 존재하게 되었다. 만일 우리우주를 만든 인플레이션과 자연계의 기본 상수(기본 물리법칙에 포함되는 상수)에 미세조정이 가해지지 않았더라면 별은 존재하지 않았을 것이다. 따라서 생명이 발생하려면 우주는 모든 구성요소와 힘이 미세조정된 매우 특별한 상태에서 시작했어야 한다. 결과적으로 우리우주가 존재할 가능성이 펜로즈의 추정대로 터무니없이 낮다고 해도, 우리우주는 우주 구조의 형성과 생명의 발생에 적합한 조건을 갖춘 유일한 우주이므로 우리가 그 안에서 살고 있는 것은 놀라운 일이 아니다.

물리학에서 **미세조정**의 함의는 매우 명확하다. 힘의 세기를 결정하는 자연계의 물리상수(가령 전자의 질량이나 전하)는 우리우주와 정확히 똑같은 수치로 정해져야 한다는 것이다. 자연법칙의 방정식과 기본 상수 값에서 몇 개만 살짝 바뀌어도 완전히 다른 우주가 만들어지거나 우주 자체가 존재하지 않게 된다. 그렇다는 것은, 미세조정된 우주에서만 생명체가 존재할 수 있고 생명체의 존재 자체가 현재 우주의 선택 기준이라는 뜻이다. 이것은 인류원리 옹호자들에게 '경관이 초래한 위기'를 해결하는 것처럼 보였다. 수많은 가능성 중에서 하나의 '진짜' 우주가 어떻게 나타날 수 있는지에 대한 설명을 제공해주었던 것이다.

더 나아가 인류원리에 따르면, 광활한 경관 또는 어떤 종류든 다중우주의 존재를 가정했을 때 얻는 유일한 이점은 우리우주 같은 미세조정된 우주가 발견될 가능성이 높아진다는 것뿐이다. 인류원리는 우리우주 같은 우주가 극소수만(가급적이면 단 하나만) 존재할 수 있다고 가정한다. 또한 생명체는 정확히 우리우주와 같은 우주(기본 상수와 빅뱅–인플레이션, 암흑에너지가 우리우주와 정확히 동일한 우주)에서만 존재할 수 있다고 추측한다. 결과적으로 인류원리를 바탕으로 우주를 선택하는 것은 우리가 듣고자 하는 답을 가정하는 데서 출발하여 그 선택을 합리화하는 것이나 다름없다.

홀먼과 내가 연구할 당시에는 수많은 이론물리학 거장들이 인류원리를 받아들였다. 나는 그중 많은 사람들을 몹시 존경했지만, 인류원리는 문제의 해결을 포기하는 것처럼 보였다. 생각을 거듭할수록 인류원리는 오히려 새로운 질문을 불러일으킨다는 믿음이 확고해졌다. "왜 이런 일은 일어나고 저런 일은 일어나지 않는가?"와 같은 기본적인 질문으로 시작해서 다양한 질문을 제기할 수 있었다. 세계적으로 저명한 영국의 물리학자 폴 데이비스Paul Davies는 《신의 마음*The Mind of God*》이라는 저술에서 이 문제를 '틈새의 신God-of-the-gaps'이라고 불렀다.* 데이비스는 '틈새의 신'을 인간의 이해나 설명에서 누락된 틈새를 메우기 위한 특별한 신 개입 시나리오로 정의했다.

이 현대적인 '신의 관점'은 17세기 초 프랑스까지 거슬러 올라간다. 프랑스의 철학자이자 수학자 겸 과학자였던 데카르트는 인간이 다른 생명체보다 도덕적 지위가 높고 지구상에서 가장 뛰어난 종이라는 견해를 설파했다. 그러므로 실재는 인간의 관점에서만 평가할 수 있다고 그는 주

* '틈새의 신'이란 용어는 옥스퍼드 대학교의 수학자 C. A. 쿨슨C. A. Coulson이 1955년에 출간한 책 《과학과 기독교 신앙*Science and Christian Belief*》에서 처음으로 사용되었다.

장했다. **코기토 에르고 숨**Cogito ergo sum("나는 생각한다, 고로 존재한다")이라는 전제를 제시하면서 데카르트는 자연과 우주의 작동 원리를 이해하는 방법으로서 인간 이성의 힘을 강력하게 옹호했다. 그 전제를 바탕으로 이른바 '과학적 방법'을 창시하기도 했다. "나는 생각한다, 고로 우주는 존재한다"는 물질-정신 이원론의 유산은 유감스럽게도 우주론 인류원리의 근간을 이루는 것처럼 보였다.

어디를 둘러보아도 인류원리 옹호자들이 늘어나고 있었다. 노벨물리학상을 받은 스티븐 와인버그Steven Weinberg는 암흑에너지가 관측으로 발견되기 전부터 암흑에너지의 존재를 주장하기 위해 인류원리를 활용했다. 와인버그의 예측은 인류원리 옹호자들의 열광을 더욱 고조했을 뿐이었다.

인류원리는 우리에게 관찰자라는 주요한 역할을 부여함으로써 우주론의 검증 불가능성 문제를 해결하는 것처럼 보였다. 우리가 관찰자가 된다는 것은 생존 가능한 우주가 오직 우리우주와 같은 우주밖에 없다는 뜻이다. 만일 어떤 우주가 별과 은하 그리고 궁극적으로는 생명체(우주 존재의 목격자)가 생겨날 적절한 조건을 갖추지 못했다면, 그 우주는 존재하지 않는 편이 나았다. 인류원리 접근 방식의 문제점은 과학자들이 이미 원하는 답을 간접적으로 정해놓았다는 것이다. '좋은' 우주는 우리우주뿐이라는 답 말이다.

다중우주 연구가 탄력을 받는 동안 인류원리도 정교화되고 있었다. 인류원리 옹호자들도 다중우주를 정당화했다. 우리우주와 같은 우주를 발견할 가능성을 높여줄 완벽한 환경이라는 이유에서였다. 하지만 나는 인류원리의 다중우주 정당화 논증이 우리 기원의 수수께끼에 대한 과학적 해답이라고 확신하지 못했다. 내가 인류원리의 논증을 받아들이지 않고 망설인 것은 다중우주에 대한 이 새로운 해석(존재 가능성이 있는 수많은 우주를 우리우주와 같은 단 하나의 우주로 줄이기 위한 인류원리의 다중우주 해석)이 나에게는 익숙하게 들렸기 때문이다. 나는 아버지가 겪으셨던 슬픈 사건을 떠올렸다. 아버지의 가능한 우주들이 급격하게 줄어든 사건이었다.

아버지가 학생이었을 당시, 알바니아 학생이 받을 수 있는 최고의 영예는 소련 유학 장학금이었다. 장학금을 두고 벌어진 경쟁은 무척 치열했다. 매년 모든 고등학교의 최우수 학생은 졸업하면서 금메달을 받았는데, 금메달은 모스크바에서 공부할 수 있는 장학금을 보장해주었다.

아버지는 가정 형편이 어려웠지만 학업 성적이 뛰어나서 1년에 두 학년을 진급할 때도 많았다. 아버지의 성적은 금메달을 받을 만한 기준을 훨씬 뛰어넘었다. 아버지를 가르친 선생님들, 특히 수학 선생님은 아버지의 금메달 수상이 이미 정해진 결과라고 확신했다. 아버지는 장학생이 될 준비를 하면서 러시아어까지 배웠다.

졸업식 날이었다. 교장이 아버지에게 금메달을 건네려는 순간, 학교의 공산당 비서가 메달을 빼앗아서 다른 학생에게 주었다. 메달을 받은 학생은 메달을 빼앗겨 충격을 받은 아버지만큼이나 몹시 놀란 눈치였다.

나중에 아버지는 그날의 사건을 두고 농담을 하곤 했다. 두 가지 이유에서 뜻밖의 좋은 일이었다고 말이다. 우선 러시아어를 배운 덕분에 아버지는 모든 서양 문헌을 읽을 수 있게 되었다. 알바니아 정부는 러시아어로 번역된 과학과 역사, 예술과 음악 서적은 금지하지 않았기 때문이다. 그리고 금메달을 받은 학생들은 유학을 마치고 러시아인 아내와 함께 돌아왔는데, 1967년에 알바니아가 소련과의 관계를 단절하면서 모든 러시아인 부인과 아이들을 체포해 비행기에 태워 러시아로 강제 이송했다. 알바니아에 남은 남편들은 대부분 1990년대가 될 때까지 부인과 아이들을 만날 수 없었고 소식조차 듣지 못했다. 가족과 헤어지길 거부한 극소수의 남자들은 부인과 아이들과 함께 강제 노동 수용소로 보내졌다. 아버지는 그렇게 자식들을 잃고는 살 수 없었을 거라고 하셨다.

그럼에도 아버지는 빼앗긴 금메달에 관한 이야기를 계속 꺼내셨다. 말년에는 기록 보관소를 뒤져서 메달 수여 증명서를 찾아달라고 교육부에 요청할까 생각하기도 했다. 조심스러운 말이지만, 증명서가 발견될 가능성은 그리 높지 않아 보였다.

오랫동안 이해가 되지 않았다. 종종 길거리에서 낯선 사람이 추워 보인다며 하나밖에 없는 재킷을 벗어주기도 했던 아버지 같은 분이 어떻게 금메달에 그토록 집착했던 것일까? 소유에는 전혀 관심이 없었던 아버지는 어머니가 경악할 만한 일을 망설임 없이 저지르곤 했다. 노후 대비 저축을 친구에게 건네는가 하면, 가난한 학생의 결혼식 비용을 마련해주기 위해 월급 전액을 내밀기도 했다. 어머니가 매일 옷차림을 확인하지 않으면 양말을 짝짝이로 신었는지조차 모를 정도로 물질적 소유와 거짓된 칭찬에 의미를 두지 않는 사람이었다. 허영심도 억울함도 없는 그런 분이 어떻게 십 대 시절의 금메달에 그렇게 큰 의미를 두셨을까?

금메달이 왜 그렇게 중요한 것인지 묻자, 아버지는 솔직하게 이야기하셨다. 학교를 다니기 위해 옷과 음식을 제대로 누리지도 못하고 살며 많은 것을 희생했지만, 선생님들을 우러러보며 배움을 딛고 서서 스스로를 지탱했다고. 성인이 된 아버지는 친구들과 동료들에게 괄시받고 배신당하고 뒤통수를 맞은 후로 그런 행동을 인간 본성의 일부로 보았다. 한 무리의 어른이 시기심이나 질투로 다른 무리를 해치는 것을 인간의 본성으로 보았던 것이다. 공산주의 체제의 추악함도 그러한 생각에 한몫했다. 어렸을 때 아버지는 선생님을 존경했다. 교사는 아이들의 행복을 돌보는 매우 고귀한 직업이라고, 가장 잔혹한 사회에서만 교사가 무고한 아이를 해치도록 강요한다고 아버지는 생각했다.

아버지가 메달을 빼앗겼을 때, 수학 선생님은 아버지 곁에 서서 위로의 말을 건넸다. 모두가 받길 바라는 또 다른 상이 있다고 말이다. 아무도 빼앗을 수 없고 돈으로도 살 수 없는 상. 그것은 마음의 힘이었다. 하지만 그런 격려의 말로도 아버지의 깊은 실망감은 가라앉지 않았다.

아버지가 설명해주시긴 했지만, 그 경험이 아버지에게 미친 영향을 이해하기 시작한 것은 내가 부모가 된 후였다. 내 딸에게 그런 사건이 일어난다는 상상조차 하기 어려웠다. 그렇게 열심히 공부했는데 가장 믿었던 사람에게 보상을 빼앗긴다는 것은 정말이지 참담한 일이다.

나는 살면서 아버지가 누리지 못한 기회를 얻었다. 그러니 쉬운 길을 따르지 않고 그 기회를 최대한 활용해야 했다. 그것이 깊게 뿌리박힌 믿음에 도전하는 일을 의미할지라도 말이다.

다중우주를 옹호하기 위해서는 인류원리 추론을 면밀히 검토해야 했다. 나는 친구이자 공동 연구자인 프레드 애덤스Fred Adams와 함께 인류원리에 기초한 우주 선택과 미세조정이 실제로 어떻게 이루어지는지 조사하기로 결심했다. 앤아버에 있는 미시간대학교의 저명한 천체물리학자인 애덤스는 별과 은하의 천체물리학에 대해 나보다 더 많은 것을 알고 있었다. 그 구조들이 어떻게 우주에서 형성되는지, 별이 어떻게 수소보다 무거운 원소들의 생산 공장이 되는지에 대해서도 잘 알았다. 우리우주와 매우 다른 조건(가령 중력이나 전자기력의 세기가 다르다는 조건)의 우주에서도 구조들이 형성될 수 있을지 애덤스의 전문 지식을 통해 알아볼 작정이었다.

인류원리를 바탕으로 우주를 선택하는 근거를 이해하기 위해 우리는 몇 가지 질문을 던졌다. 생명체가 거주 가능한 우주Habitable universe는 어떤 모습일까? 법칙이 보편적이고 기본 상수 값(중력 상수, 전자의 전하량, 양성자의 질량 등)이 미세조정을 통해 우리우주와 정확히 똑같이 정해져서 생명체가 생겨날 수 있는 우주일까? 거주 가능한 우주는 암흑에너지를 반드시 포함하는 우주일까? (와인버그는 생명체가 거주하려면 암흑에너지가 필수일 수도 있다고 주장했다.)

하지만 머지않아 우리는 알게 되었다. 암흑에너지가 존재하는 우주는 먼 미래에는 거주 불가능한 우주가 된다. 그러한 우주의 존재를 인류원리 논증으로 정당화하기는 어려울 것이다(우주의 존재를 목격하는 생명체가 없어지기 때문이다). 암흑에너지를 포함한 우주는 결국 텅 비고 차갑고 빛이 없는 우주가 된다. 생명체가 살 수도, 새로운 구조를 만들 수도 없다. 엔트로피 상태를 바꿀 수 없기 때문이다. 그 결과 모든 구조와 관찰자는 우주의 열죽음Heat death*을 맞는다. 암흑에너지가 있는 우주는 비교적 짧은 시간 동안에는 거주가 가능하지만, 시간이 지난 후에는 열죽음의 공허한 상태로 영원을 보내게 된다. 그렇다면 생명이 한때 번성한 우주의 탄생을 증언할 정도로 생명체가 오래 머물도록 할 수는 없을 것이다. 그런 시나리오는 분명히 잘못된 것이다.

나중에 애덤스와 나는 선구적인 다른 두 물리학자 동료와 함께 인류원리 논증의 장점에 대한 탐구를 발전시켰다. 브라운대학교의 스테폰 알렉산더Stephon Alexander와 당시 미시간대학교에 있었던 에반 그로스Evan Grohs였다. 우리는 우리우주에서 관측되는 자연계 기본 상수의 미세조정된 값이 생명체가 존재할 수 있는 유일한 조건을 제공하는지 여부를 조사했다. 생명체가 발생하려면 몇 가지 필요조건이 있어야 했다. 최소 10^{15}개의 입자로 구성된 복잡성이 우주에 구현되어 있어야 했으며, 수명이 긴 별이 있어서 중심

* 더 이상 엔트로피를 증가시킬 수 없어서 모든 운동이 정지한 상태.—옮긴이

부에서 중력으로 가벼운 원소를 무거운 원소로 만드는 공장이 가동되어야 했다.

조사의 결과는 우리가 봐도 놀라웠다. 거주 가능한 우주는 중력의 세기가 훨씬 더 약하거나 강하더라도 존재할 수 있었다. 그리고 기본 상수가 현재 알려진 값보다 수백만 배나 바뀌더라도 존재할 수 있었다. 우리는 우리우주의 기본 상수가 생명체의 거주를 위해 특별히 선택된 것이 아니라는 결론을 내렸다. 인류원리의 상황은 더욱 좋지 않았다. 우리의 조사 결과, 인류원리의 선택 규칙에 따르면 우리우주는 단지 '애매하게만' 거주 가능했다. 우리우주와 매우 다른 기본 상수를 가진 수많은 가능 우주들이 있는데, 생명체가 발생할 가능성은 그 우주들에서 더 높았던 것이다.

이쯤 되자 인류원리를 적용하는 것은 과학의 실패를 인정하는 꼴이라는 생각이 더욱 굳어졌다. 하지만 인류원리를 바탕으로 끈이론 경관에서 우리우주를 선택하는 작업은 갈수록 더 많은 지지를 받고 있었다. 이 새로운 관점에서 끈이론 경관은 인류원리의 우주 선택을 정당화하는 정교한 도구가 되었다. 왜냐하면 인류원리적으로 적합한 우주(기본 상수가 모두 맞아떨어져서 생명체가 거주 가능한 우주)가 발견될 가능성이 광활한 경관 덕분에 높아졌기 때문이다. 나머지 가능한 우주들은 불필요한 것일 뿐이었다.

이런 방식으로 생각하는 것은 위험해 보였다. 나는 우리우주의 존재가 관찰자에 의존할 수 없으며 그래서도 안 된다고 믿었다. 어떻게 우리 자신이 거주하고 있다는 사실에 근거해서 우리의 기원을 선택할 수 있겠는가? 그러한 믿음은 나를 더욱 자극했다. 우리우주의 기원에 대한 답은 인류원리 추론을 필요로 하지 않고, 물리학 방정식과 자연법칙을 통해 도출할 수 있다는 점을 보여주고 싶었다.

우리우주의 기원을 과학적으로 살펴볼 수 있을까? 나는 그 답이 가까운 곳에 있다고 믿었다. 바로 우리의 머리 위, 하늘이었다.

홀먼과 내가 해결책을 찾고 흥분을 가라앉히자, 상황은 분명해졌다. 우리에게는 우리우주의 존재 가능성이 낮다는 오랜 수수께끼의 답을 처음으로 밝혀낸 전도유망한 이론이 있었다. 바로 다중우주론이었다. 하지만 여전히 많은 물리학자는 다중우주의 존재를 받아들이고 있지 않았다. 우리가 헛다리를 짚지 않았다고 과학계를 (그리고 우리 자신을) 설득하기 위해서는 이론을 검증할 방법을 찾아야 했다. 다중우주론이 실제로 과학적 검증을 거칠 수 있으며 또한 그 검증을 버텨낼 수 있음을 보여줘야 했다.

오랫동안 과학자들은 다중우주 검증이 불가능하다는 확고한 믿음을 고수했다. 광속 제한 때문에 우리우주의 지평선 바깥을 관측할 수 없었기 때문이다. 하지만 홀먼과 나는 굴하지 않았다. 앞서 설명했듯이, 우리우주가 양자 경관 다중우주에서 유래했다는 우리의 이론은 양자우주론 이론체계의 휠러-디윗 방정식에 토대를 두고 있다. 양자우주론은 우리우주가 고에너지 양자입자였을 당시를 서술할 수 있는 유일한 양자중력Quantum gravity 이론이다.★ 슈뢰딩거 방정식을 떠올려보라. 슈뢰딩거 방정식은 전자가 퍼텐셜에너지의 영향을 받고 실제 시공간에서 움직이는 경로를 계산하는 데 사용된다. 휠러-디윗 방정식도 비슷하다. 슈뢰딩거 방정식은 전자와 같은 양자입자가 파동함수의 갈래일 때 사용되지만, 휠러-디윗 방정식은 물리적인 시공간이 아닌 추상적인 에너지 공간에서 움직이는 원시 파동-우주들이 파동함수의 갈래일 때 사용된다. 양자역학에서와 마찬가지로, 휠러-디윗 방정식의 해는 원시우주가 추상적인 에너지 공간에서 특정 경로를 취할 확률에 따라 증가한다.

물론 이건 매우 이론적인 결과였다. 우리의 결과가 학계에서 진지하게 받아들여지기 위해서는 검증할 방법을 찾아야 했다. 하지만 우리는 무척 어려운 문제에 직면했다. 우리우주가 양자 다중우주에서 기원했다는 다중우주론을 도대체 무슨 수로 검증한단 말인가?

★ 양자역학의 원리를 적용한 중력 이론을 양자중력이라고 한다.—옮긴이

우리는 우주의 탄생을 관측할 수도 없고, 실험실에서 재현해 검증해볼 수도 없다. 그러한 문제를 과학적으로 탐구하는 것은 증거는 물론이고 직관에 의존한다는 면에서 탐정의 일과도 비슷하다. 퍼즐 조각들이 맞아떨어지기 시작하면 연구자들은 마치 탐정처럼 답이 가까운 곳에 있음을 직관적으로 느낀다. 홀먼과 함께 다중우주론을 검증할 방법을 찾으려 했을 때 나의 느낌이 딱 그랬다. 이성적으로 생각하면 가망이 없어 보였지만, 직관적으로 보면 이룰 수 있는 목표 같았다.

마침내 시도할 만한 해법 하나가 머릿속을 스쳤다. 나는 이론을 시험하고 검증하는 열쇠가 양자얽힘에 숨겨져 있다는 사실을 깨달았다. 결어긋남과 얽힘은 밀접하게 연관되어 있기 때문이었다! 나는 우리의 파동-우주가 다른 파동-우주와 얽혀 있었던 양자 경관의 기원까지 우주의 탄생 이야기를 되감아보았다.

우주 파동함수의 갈래들은 주변의 양자요동 웅덩이와 얽히면서 갈래들끼리 (결어긋남을 거쳐) 서로 분리되고 저마다 개별 우주가 된다. 이런 것들은 이미 알고 있었다. 내가 궁금한 것은, 그 초기의 얽힘이 오늘날의 하늘에 남긴 흔적을 계산해서 찾아낼 수 있는지였다. 우주 파동함수의 갈래들이 서로 양자 정보를 전달했던 교차대화의 증거 말이다. 끈이론 경관 시대의 흔적을 과연 찾아낼 수 있을까?

모순처럼 들릴지도 모르겠다. 어떻게 우리우주가 빅뱅 이후로도 여전히 다른 우주들과 얽혀 있을 수 있겠는가? 우리우주는 양자적 요람기에 다른 우주들과 분리될 수밖에 없었다. 하지만 나는 이 문제와 씨름하면서 다음과 같은 점을 깨달았다. 오래전에 결이 어긋났지만 우주는 태초의 '찌그러짐Dent'을 일종의 관측 가능한 '반점'으로 간직하고 있을지도 몰랐다. 그 '찌그러짐'은 태초의 순간에 우리우주가 다른 생존 우주들과 얽혀 상호작용을 할 때 생긴 모양상의 작은 변화였다. 이 초창기 얽힘의 흉터는 우리우주에서 여전히 관측 가능해야 한다. 왜냐하면 우리우주는 단순히 원시일 때의 형태가 팽창한 것이기 때문이다.

관건은 시기였다. 우리의 파동-우주가 결어긋남을 겪는 시기는 그다음 단계로 입자 우주가 인플레이션을 겪으며 탄생하는 시기와 비슷했다. 우리가 오늘날 하늘에서 관측하는 모든 것은 그 태초의 순간에 형성된 원시 양자요동에서 유래했다. 양자요동은 측정 가능한 시간의 가장 작은 단위, 그 1초도 안 되는 시간 동안 일어난 사건이었다. 원리적으로 볼 때, 그 시기 동안 얽힘이 풀리면서 얽힘의 흔적이 인플라톤과 양자요동에 남았을 수 있다. 그 찰나의 시간 동안 내가 상상하던 흉터가 생겼을 가능성이 있다. 정말 그러한 흉터가 생겼다면 하늘에서 볼 수 있어야 했다.

어떻게 얽힘으로 흉터가 생기는지는 생각보다 이해하기 어렵지 않다. 나는 얽힘이 우리 하늘에 흉터를 남기는 모습을 마음속에 그려보는 것에서 시작했다. 먼저, 우주 파동함수의 갈래들에서 비롯된 (우리우주를 포함한) 모든 생존 우주들이 입자처럼 생겼다고 하자. 그 무수한 입자들은 양자 다중우주 도처에 퍼져 있다. 우주 입자들은 전부 질량과 에너지를 갖고 있기 때문에 서로 중력을 통해 상호작용한다(즉, 서로 잡아당긴다). 뉴턴의 사과가 지구와 상호작용을 하면서 운동 경로가 휘어지다가 결국 땅으로 떨어지는 것과 마찬가지다. 하지만 사과를 끌어당기는 물체는 지구만 있는 게 아니다. 달과 태양, 태양계의 다른 모든 행성, 우주의 모든 별도 사과를 끌어당기고 있다.지구가 가장 큰 힘으로 당기긴 하지만, 그렇다고 해서 다른 힘들이 존재하지 않는 것은 아니다. 얽힘의 경우도 마찬가지이다. 얽힘이 우리 하늘에 남긴 최종 효과는 다른 원시우주들이 우리우주를 끌어당긴 힘의 총합이다. 별들이 뉴턴의 사과를 끌어당기는 힘은 매우 약하다. 마찬가지로 현재 우리우주에서 나타날 얽힘의 흔적은 인플레이션의 흔적에 비하면 터무니없이 작다. 그래도 여전히 남아 있다!

인정할 수밖에 없겠다. 나는 우리우주의 지평선 너머와 빅뱅 이전을 엿볼 방법을 찾았을지 모른다는 생각만으로도 매우 들떴다! 우리 하늘에 남은 얽힘의 흔적을 계산해보자고 제안함으로써 나는 사상 최초로 다중우주 검증 방법을 밝혀낸 것일지도 몰랐다. 무엇보다 나의 아이디어가 수 세기 동안 불가능하다고 여겨진 것을 가능하게 하리라는 생각에 가슴이 설렜다. 우리우주를 넘어 다중우주의 시공간을 들여다볼 수 있는 관측의 창이 열린 것이다. 우리의 팽창하는 우주는 태초에 관한 정보를 추적할 수 있는 최고의 실험실이다. 우리가 오늘날 우리우주에서 거대한 크기로 관측하는 모든 것이 우주의 초창기에도 존재했기 때문이다. 우리우주의 기본 요소들은 시간이 흘러도 사라지지 않는다. 단지 우주가 팽창하면서 상대적으로 규모가 줄어들 뿐이다.

왜 하필 양자얽힘으로 이론을 시험해보려 하냐고 물을지 모르겠다. 양자론은 '유니테리 성질Unitarity'이라는 신성하다시피 한 원리를 포함하고 있다. 유니테리 성질에 따르면, 그 어떤 계의 정보도 절대 손실되지 않는다. 다시 말해, 유니테리 성질은 정보 보존 법칙이다. 그렇다면 우리우주가 이전에 다른 생존 우주와 상호작용해서 남은 양자얽힘의 흔적은 오늘날에도 여전히 존재해야 한다. 결어긋남이 이루어지더라도 얽힘은 결코 우리우주의 기억에서 지워지지 않는다. DNA에 저장되어 있다고나 할까? 더 나아가 얽힘의 흔적은 태초의 순간부터, 즉 끈이론 경관에 놓인 파동에서 우주가 시작되었을 때부터 우리 하늘에 암호화되어 있었다. 얽힘의 흔적은 우주가 팽창하면서 함께 확장되었을 뿐이다. 우리우주는 단지 원시우주가 커진 것에 불과하기 때문이다.

인플레이션과 팽창을 거치면서 확장된 흔적의 세기가 너무 약하진 않을까? 나도 걱정했다. 하지만 나는 유니테리 성질을 믿었다. 아무리 약하더라도 흔적은 우리 하늘 어딘가에 보존되어 있어야 했다. 인플레이션 우주론이 예측하는 균일성과 균질성이 일부 지역에서 위배되거나 편차를 보이는 형태로 말이다.

그 가능성을 논의한 끝에, 홀먼과 나는 우리우주에서 일어난 양자얽힘의 효과를 계산해서 흔적이 남아 있는지 알아내기로 했다. 그리고 태초부터 현재까지 그 흔적의 모습을 추적해서 우리가 하늘에서 어떤 흉터를 찾아야 할지에 대한 예측을 이끌어내기로 했다. 흉터를 어느 곳에서 찾아야 할지 알아낼 수 있다면, 그 예측과 실제 관측 데이터를 비교해서 검증해볼 수 있을 것이었다. 그렇다면 우리는 다중우주가 검증 가능하다는 사실을 처음으로 보여줄 수 있을 터였다.

홀먼과 나는 도쿄에 사는 물리학자 다카하시 도모Tomo Takahashi의 도움을 받아서 연구에 착수했다. 내가 처음으로 도모를 만난 것은 2004년 채플힐캠퍼스에서였다. 그는 일본에서 교수직을 맡기 직전인 박사후 연구원이었고 나는 이제 막 채플힐캠퍼스에 도착한 참이었다. 우리는 1년 동안 활발하게 교류하며 친분을 쌓았다. 도모는 본인의 연구에 대해 항상 높은 기준을 유지했고, 세부적인 것에 놀라울 만큼 주의를 기울였다. 컴퓨터 시뮬레이션 프로그램을 다루는 일에도 능숙했다. 우주에 남아 있는 물질과 복사의 실제 데이터를 우리 이론의 예측과 비교할 때 꼭 필요한 능력이었다. 2005년, 나는 도모에게 연락을 취했다. 결국 도모도 우리 연구팀에 합류하게 되었다.

홀먼과 도모 그리고 나는 탐색을 시작할 최고의 장소가 빅뱅에서 남은 빛, 우주배경복사라는 쪽으로 의견을 모았다. 우주배경복사는 우리우주에서 가장 오래된 빛으로, 우주의 역사 내내 우주 전체에 스며들어 있던 복사 '에테르'이다. 우주 인생 초창기의 기록이 유일하게 남아 있는 장소가 바로 그 빛이다. 우주 탄생의 목격자 우주배경복사는 오늘날에도 우리 주변에서 묵묵히 머물며 더없이 귀중한 우주 실험실이 되어주고 있다.

오늘날 우리우주에서 관측되는 우주배경복사의 에너지는 상당히 낮다. 우주배경복사의 진동수는 마이크로파 범위(160기가헤르츠)에서 최고점을 이루는데, 전자레인지에서 음식을 데울 때 나오는 빛의 진동수와 비슷하다(그래서 우주 '마이크로파' 배경복사라는 이름이 붙은 것이다). 현재 우주배경복사는 우리 하늘을 2.7켈빈, 즉 섭씨 영하 271도로 '데우고' 있다.* 우주배경복사의 온도가 극도로 낮긴 하지만 관측하지 못할 정도로 차갑지는 않다. 1990년대부터 현재까지 총 세 번의 국제적인 실험(코비COBE, 더블유맵WMAP, 플랑크PLANCK 위성)을 통해 우주배경복사와 그 빛에서 형성된 미약한 요동이 높은 정밀도로 측정되었다. 우주배경복사는 심지어 지구까지 오고 있다. 우리가 구형 텔레비전 수상기를 썼을 때에는 우주배경복사를 보거나 듣는 게 일상이었다. 채널을 바꿀 때마다 우주배경복사 신호가 잡음의 형태로 잡히곤 했다. 텔레비전 화면에 나타나던 흐릿하고 찌글찌글한 회색과 흰색의 반점들이 바로 우주배경복사 신호였다.

하지만 우리우주가 에너지 경관에서 시작되었다면, 초기 우주의 정보가 담긴 우주배경복사를 통해 무엇을 알 수 있을까? 하이젠베르크의 불확정성 원리가 답을 알려준다. 불확정성 원리에 따르면 초기 인플레이션 에너지에서 양자적 불확정성이 나타나는 것은 불가피하다. 다시 말해, 양자요동은 피할 수 없는 결과이다. 우주가 인플레이션을 멈추면 우주에는 갑자기 인플라톤 에너지의 양자요동 파동이 가득 차게 된다. 전 우주적인 규모로 일어나는 이 양자요동(어떤

* 켈빈은 절대온도의 단위로, 0켈빈은 섭씨 영하 273.15도이다.—옮긴이

요동은 질량이 있고, 어떤 요동은 질량이 없다)을 밀도섭동이라고 부른다. 이 요동의 스펙트럼 중에서 짧은 파동, 즉 우리우주 내부에 맞는 파동은 질량에 따라 광자나 다른 입자들이 된다(이것은 파동-입자 이중성 현상에 의한 결과이다).

우주의 시공간 구조에 생긴 미세한 양자요동은 중력장에 약한 잔물결 또는 진동을 일으킨다. 이것을 원시 중력파라고 부른다. 양자요동에는 실제로 어떤 인플레이션 모형이 발생했는지에 대한 정보가 담겨 있다. 우주배경복사 스펙트럼 세기의 약 100억분의 1로 엄청나게 작기 때문에 관측하기가 훨씬 어렵지만, 양자요동의 흔적은 우주배경복사에 보존되어 있다.*

신중하고도 낙관적인 태도로 무장한 우리 셋은 태초의 양자얽힘이 남긴 흉터를 예측하는 작업에 착수했다. 우리는 우주에서 양자 경관 다중우주의 '화신Avatar'을 찾고 있는 것이라고 농담 삼아 말했다. 다른 우주들이 남긴 자취는 우리 하늘에서 변칙적인 흔적으로 발견될 것이었다. 우리는 광속 제한이라는 자연의 한계를 우회해 다중우주를

* 원시 중력파는 최근에 라이고LIGO 실험에서 관측된, 블랙홀 합병으로 생긴 중력파와는 다르다. 특성은 비슷하지만 기원이 다르다. 원시 중력파는 인플레이션이 일어난 원시 시대에 만들어졌으며 세기가 극도로 약하다. 반면 블랙홀 합병으로 생긴 중력파는 현재 우주에서 만들어졌으며 세기가 비교적 강하다.

들여다볼 수 있을 터였다. 호기심에 가득 찬 우리 셋은 마치 초콜릿 상자를 빨리 열고 싶어 안달 난 아이들 같았다.

먼저, 우리는 양자우주론을 사용함으로써 양자 경관 다중우주 시대의 모든 생존 우주가 우리우주와 얽혀 있었던 강도를 계산했다. 그러고 나서 그 효과를 인플레이션의 원시 요동(우주배경복사와 모든 형태의 물질을 만들어낸 요동)에 추가했고, 시간을 앞으로 빨리 감아서 얽힘의 흔적이 현재 우주의 어느 위치에 투영되었는지 알아보았다. 결과적으로, 우주배경복사와 물질 분포가 얽힘의 초기 효과로 인해 현재 어디에서 어떻게 뒤틀리고 변형되어 있는지 예측할 수 있었다.

우주 인플레이션 덕분에 균일하고 균질하게 분포된 물질 및 우주배경복사와 달리, 우리 하늘에 남은 얽힘 효과는 위치에 따라 달라졌다. 얽힘의 흔적이 우주 전체에 균일하게 분포되지 않았다는 뜻이다. 그러므로 똑같은 하늘에서 뒤섞여 있더라도 인플레이션과 얽힘의 효과는 따로따로 확인될 수 있었다. 실제로 얽힘 효과가 관측되었을 때, 우리 하늘에 남은 그 흔적은 '변칙'으로 알려지게 되었다. 왜냐하면 우리우주의 전반적인 균일성과 균질성을 매우 약간이긴 하지만 깨뜨렸기 때문이다. 따라서 균일성과 균질성을 핵심 예측으로 삼는 단일우주 표준우주모형(인플레이션 우주론)으로는 얽힘의 흔적을 설명할 수 없었다.

요약해보자. 우리는 얽힘이 시공간의 모든 곳에서 초기 우주를 어떻게 변형했을지 추정했다. 그럼으로써 그 흔적이 남을 만한 위치를 예측했다. 얽힘이 남긴 흉터는 다중우주로 가는 지도였다. 그 예측은 정말 흥미로웠다. 관측될 수 있는 가능성이 있었기 때문이다. 하지만 그 소식이 머지않아 관측천문학에서 들려올 줄은 아무도 예상하지 못했다. 그때까지 우리는 현재의 관측 수준이 우리가 예측한 흔적을 탐지할 만큼 높지 않다고 보았다. 다시 말해, 우리는 일생 동안 우리의 이론이 옳은지 그른지 알 수 없으리라 생각했다.

하지만 알고 보니 얽힘이 남긴 흔적의 세기는 탐지될 만큼 충분히 강했다. 양자얽힘은 인플레이션이 구현한 균일성과 균질성에 매우 작고 특별한 편차를 만들어낸다. 우리 하늘에 남은 얽힘의 흉터를 통해 우리는 지평선 너머의 풍부한 세계, 다중우주를 관측하고 검증할 수 있는 창문을 열어젖혔다.

10장

—

다른 우주들의 흔적

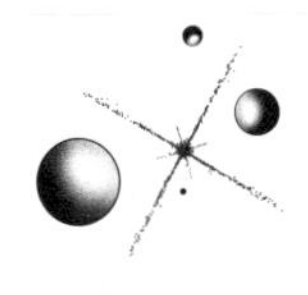

2005년, 홀먼과 도모 그리고 나는 마침내 용기를 내서 연구 결과를 '경관의 화신Avatars of the Landscape'이라는 제목의 논문으로 투고했다. 그리고 숨을 죽이고 동료들의 반응을 기다렸다. 한동안 침묵이 흘렀다. 반응을 기다리는 동안, 윌리엄 블레이크의 시 〈순수의 전조Auguries of Innocence〉가 스쳐 지나갔다. "한 알의 모래에서 세계를 보고, 한 송이 들꽃에서 천국을 보라. 손바닥 안에 무한을 붙들고, 시간 속에 영원을 간직하라."

우리는 계산을 통해 몇 가지 변칙 현상을 예측했다. 그중에는 '거대 거시공동Giant Void'이 있었다. 우리는 남반구 쪽에 위치한 먼 하늘에 원시 거대 거시공동이 있을 거라고 짐작했다. 그 구멍은 별과 은하가 대부분 '도려내져서' 거의 아무것도 없는 영역이다. 우주배경복사 지도에는 복사의 온도가 표시되어 있다. 물질로 가득 찬 과밀 영역은 온점Hot spot으로, 텅 빈 영역(거시공동)은 냉점Cold spot으로 나타나 있다. 전반적으로 우주배경복사 지도는 인플레이션의 균일성 특징에 따라 균일하게 흩어진 작은 온점과 냉점으로 이루어져 있다(온점과 냉점이 무작위로 흩어져 있더라도,

전부 비교해보면 분포가 균형을 이루면서 균일해진다).

그러나 우리가 예측한 원시 냉점은 보통 냉점과 달랐다. 매우 거대했던 것이다! 원시 냉점은 10도의 면적을 차지했는데, 우리가 보는 하늘의 대략 10분의 1에 해당한다.* 인플레이션에서 유래한 보통의 온점 및 냉점보다 최소 10배 이상 큰 규모였다. 우리는 이 엄청난 구조에 '거대 거시공동'이라는 이름을 붙였다. 거대 거시공동의 존재를 수학적으로 추론함으로써 우리는 그것이 우리우주가 탄생할 때 남은 흉터라는 것을 밝혀냈다. 더 나아가 그 흉터가 지구와 약 100억 광년 떨어져 있다는 것도 예측했다.

대담한 주장이었기 때문에 당연히 긴장할 수밖에 없었다. 그렇게 거대한 거시공동은 인플레이션의 균일성 원리에 명백하게 어긋났기 때문이다. 사실 당시에는 하늘에 거대한 구멍이 있고 그것이 다중우주와 관련되어 있다고 이야기하는 것은 허무맹랑한 소리였다. 훗날 관측으로 이론이 틀렸다고 밝혀질 게 뻔해 보였다.

하지만 우리는 관측 자료가 모이려면 시간이 걸릴 거라고 짐작했다. 지구에 있는 망원경과 관측 기기는 물론이고 우주에 떠 있는 관측 위성조차 우리의 예측을 확증할 만큼

* 하늘에서 길이나 면적을 나타낼 때는 각도의 단위 '도'를 사용한다. 예를 들면, 보름달의 겉보기 지름은 0.5도이다.—옮긴이

(혹은 반박할 만큼) 정밀하게 우주를 살펴보진 못할 것이라고 생각했다. 이론에 자신이 있었던 것만큼, 살아생전에는 이론의 진위를 알 수 없으리라 확신했다. 어느 누구도 우리를 기다리고 있는 경이를 예상하지 못했다.

첫 번째 논문을 발표한 지 반년이 지났다. '경관의 화신' 논문은 몇 가지 예측들을 담고 있었다. 변칙적인 흉터가 우리 하늘 어디에서 어떤 모습으로 발견될지 예측했던 것이다. 우연하게도 미네소타대학교의 전파천문학 팀이 우리가 예측한 크기와 거리에 정확하게 맞아떨어지는 거대 거시공동을 발견했다. 그 거대 거시공동은 2년 후 다시 한 번 관측되었다. WMAP 위성(윌킨슨 마이크로파 비등방성 탐사선 **Wilkinson Microwave Anisotropy Probe**)이 만든 우주배경복사 지도에서 모습을 드러낸 것이었는데, 결정적인 데이터는 아니었다. 결과적으로 10년이 넘는 기간 동안 거대 거시공동 문제는 관측우주론 학계에서 격렬한 논쟁의 대상이 되었다.

2009년 5월, 나는 노스캐롤라이나대학교에서 안식년을 얻어 영국 케임브리지대학교의 방문교수로 지내고 있었다. 그때 나는 카블리 우주론 연구소의 한 방에서 과학자 몇십 명과 함께 앉아 유럽우주국**European Space Agency**의 플랑크 위성이 발사되는 장면을 지켜보고 있었다. 플랑크라는 이름은 양자론의 창시자 막스 플랑크를 기리기 위해 정해진 것이다. 플랑크 위성에는 강력한 망원경이 탑재되었다. 우리우주가 격렬하게 탄생하고 남은 은은한 빛, 우주배경복사를 매우 정밀하게 측정하도록 고안된 것이었다. 카운트다운이 시작되자 장내는 섬뜩할 정도로 조용해졌다. 우리는 환호성과 큰 박수갈채로 이륙을 축하했다. 플랑크가 날아가고 있었다.

임무 수행에 착수한 지 4년이 지난 2013년 3월, 플랑크 위성은 지금까지 측정된 것 중에서 가장 정밀한 우주배경복사를 보여주었다. 그때 나는 학회에 참석하기 위해 케임브리지 대학교에 있었는데, 언론 보도를 들으면서 나쁜 소식을 접할 마음의 준비를 했다. 플랑크의 관측 데이터는 홀먼과 도모 그리고 내가 2005년과 2006년에 예측한 하늘의 변칙 현상을 전부 틀린 것으로 만들지도 몰랐다. 하지만 정반대의 일이 벌어졌다.

플랑크가 그린 지도에는 폭탄이 들어 있었다. 냉점을 비롯한 변칙들은 우리우주에서 일어나는 현상만으로 설명할 수 없었다. 단일우주에서 인플레이션이 일어났다고 가정했을 때 예측되는 균일한 물질 분포와 어긋났기 때문이다. 변칙들은 인플레이션과 무관한, 우리우주 경계 바깥의 원천에서 비롯된 것임이 분명했다.

그날 늦게 학회 강연이 예정되어 있었다. 학회 진행자가 나를 소개하면서 무심한 듯 말했다. "오늘 아침에 로라가 좋은 소식을 들었을 것 같군요."

실제로도 좋은 소식이었다. 우리가 생각한 대로 저 우주 너머에서 진실이 우리를 기다리고 있었다. 양자얽힘은 실제로 우리우주에 흔적을 남겼고, 그 흔적은 오늘날의 기술로도 탐지될 만큼 강하다는 점이 밝혀졌다. 우리우주는 혼자가 아니었다. 우연적인 존재도 결코 아니었다.

우리 셋은 냉점 이외에도 변칙 현상을 여섯 가지 더 예측했다. 우리의 계산에 따르면 변칙들은 대부분 우리우주 가장자리 근처에서 가장 강한 효과를 보였다. 왜냐하면 바로 그곳에서 얽힘의 최종 효과가 가장 크고 온전하게 남아 있기 때문이었다. 그보다 가까운 거리에서는 별과 은하가 형성되는 격렬한 비선형 과정(소용돌이치는 기체 구름, 붕괴하는 물질이 일으키는 난류, 별이 폭발하면서 분출하는 물질, 다양한 폭발)이 워낙 강력해서 얽힘 효과에서 유래한 약한 신호의 흔적이 사라질 것이었다.

또 하나의 거대 거시공동이 예측되었다. 이번에는 지구에서 볼 때 하늘의 반구만 한 크기였다. 첫 번째 거대 거시공동과 기원은 똑같지만, 크기는 더 크고 세기는 훨씬 더 약했다. 두 번째 거대 거시공동은 하늘의 절반을 덮고 있는데, 두 반구의 물질 함량 사이에 작은 차이를 만들어낸다. 우리는 그 차이가 우주배경복사 지도에서 미세한 차이로 나타나리라 예상했다. 그 차이는 북반구와 남반구에서 평균 물질 함량의 비대칭(또는 치우침)으로 나타날 것이었다. 우리는 우주배경복사 연구를 통해서 그 비대칭을 찾을 수 있으리라 짐작했다.

우주배경복사의 복사 파동에는 화성학에서 유래한 이름이 붙었다. 통틀어서 다중극**Multipole**이라고 부른다. 가장 긴 우주배경복사 파동인 단극**Monopole**은 파장이 우리우주 전체 크기의 약 두 배에 달하는데, 화성학의 기본 배음**Harmonic** 또는 1차 배음에 해당한다. 우주배경복사 쌍극**Dipole**은 2차 배음에 해당하며, 우주 크기의 약 4분의 1인 우주배경복사 사중극**Quadrupole**은 4차 배음에 해당한다. 대략 우주만 한 크기의 파장을 가진 우주배경복사 쌍극은 우리의 하늘을 두 개의 반구로 나눈다.

양자얽힘은 우리우주의 중력 퍼텐셜에너지에 영향을 미치는데, 파장이 긴 우주배경복사 배음들을 (서서히) '고갈**Depletion**'시킨다. 이러한 고갈 현상은 진동수가 낮은 배음들에 해당하는 우주배경복사 스펙트럼을 억제한다. 그리고 두 반구 사이에서 나타나는 미세한 물질 함량의 차이로도 그 모습을 드러내는데, 바로 이것을 통해 우리가 반구 크기의 거대한 두 번째 거시공동을 예측한 것이다.

양자얽힘이 왜 우주배경복사 배음을 증폭시키지 않고 고갈시키는지 이해하기 위해서는 뉴턴의 사과 비유로 돌아가는 것이 좋다. 우주에 존재하는 달과 행성 그리고 모든 별이 사과를 끌어당기는 것처럼, 양자 경관 다중우주에 존재하는 태초의 생존 우주들도 우리우주를 끌어당긴다. 비록 세기는 약하지만 그 끌어당김은 거대한 규모(진동수가 낮은 처음 몇 개의 배음들)에서 보면 여전히 유의미하며 두드러진다. 그런 연유로 거대 거시공동과 다른 변칙들이 그처럼 먼 거리에서 발견되는 것이다.

우리가 예측한 우주배경복사의 반구 비대칭성은 2013년과 2015년에 플랑크 위성의 관측으로 확인되었다. 첫 번째 냉점이 발견된 지 2년이 지났을 때였다.*

앞서 말했듯이, 얽힘의 흔적은 가장 먼 거리에서 더욱 강하고 쉽게 관측된다. 이 사실을 바탕으로 우리는 먼 거리에서 우주배경복사의 온도가 전반적으로 낮을 것이라는 예측을 덧붙였다. 다시 한 번, 플랑크 위성의 데이터를 포함한 관측 결과는 진동수가 낮은 배음의 규모(우리우주의 한쪽 가장자리에서 다른 쪽까지의 크기)에서 우주배경복사의 온도가 예상보다 낮다는 사실을 보여주었다. 단순히 온

* 2018년, 나는 플랑크 위성 실험 공동 연구팀의 일원이자 이탈리아 출신의 비범한 젊은 천체물리학자인 엘레오노라 디 발렌티노Eleonora di Valentino와 함께 한 팀을 이루었다. 최종 발표된 플랑크 위성 데이터와 내 이론의 예측을 비교해서 검토할 작정이었다. 결과적으로 우리는 모든 변칙 현상에 대한 관측이 우리의 예측과 일치한다는 것을 알아냈다.

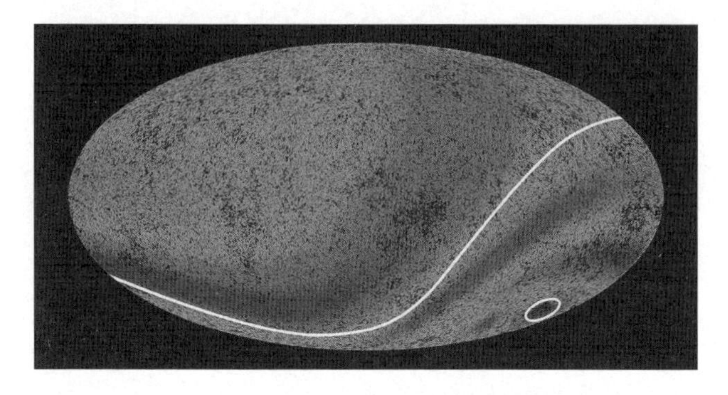

그림 13. 유럽우주국의 플랑크 위성이 관측한 우주배경복사 지도. 이 지도는 냉점(원으로 표시한 부분)과 두 반구의 물질 비대칭성(두 반구는 곡선 표시로 나뉘어 있다)을 보여준다. 2013년 플랑크의 우주배경복사 지도가 발표되면서 나타난 이 놀라운 변칙 현상들은 우주 탄생의 흉터에 대한 예측과 완벽하게 일치했다.

도만 낮았던 것이 아니다. 우리가 추정했던 모든 규모에서 얽힘의 최종 효과는 우주배경복사의 전반적인 세기(진폭)를 약 20퍼센트나 낮추었다(그 세기를 시그마 8Sigma 8이라고 한다). 플랑크 위성의 데이터를 포함해 우주배경복사의 관측을 종합하면 이러한 예측이 확인된다.

다중우주의 흔적에 대한 또 다른 예측 하나는 입자의 표준모형과 관련이 있다. 입자의 표준모형은 쿼크에서 광자까지 지금껏 자연에 존재한다고 알려진 모든 기본입자의 기원을 설명한다. 기본입자들은 모두 한 기본입자의 후손인데, 그 입자는 '신의 입자'로 불리기도 하는 힉스 입자Higgs particle이다. 힉스 입자의 존재는 1964년에 피터 힉스Peter Higgs

에 의해 예측되었다. 당시 그는 브라이스 디윗의 초청을 받아 채플힐캠퍼스에서 방문 학자로 지내고 있었다. 힉스 입자는 대략 1조 전자볼트(1테라전자볼트TeV)의 4분의 1 에너지 규모에서 존재하며, 2012년 스위스의 거대 강입자 충돌기 Large Hadron Collider, LHC에서 발견되었다. LHC는 둘레 27킬로미터의 원형 지하 터널에 위치한 세계 최대 규모의 장치이다. 양성자 빔이 터널을 여러 번 돌다가 서로 전속력으로 정면 충돌한다. 그 충돌에서 수 테라전자볼트의 에너지가 나오는데, 지구에서 구현할 수 있는 가장 높은 에너지이다.

이론적으로 볼 때 힉스 입자에는 문제가 있다. 에너지가 통제되지 않을 정도로 증가해서 우주 전체를 불안정하게 만들 수 있기 때문이다. 1970년대의 입자물리학자들은 힉스 입자를 안정적으로 유지하도록 하는 자연의 숨겨진 대칭성, 즉 초대칭Supersymmetry이 존재한다고 가정했다. 고에너지에서 힉스 입자를 보호하는 임무를 마친 초대칭은 저에너지에서 깨져 결국 사라져야만 힉스 입자가 쿼크와 다른 입자들로 붕괴할 수 있다. 초대칭으로 힉스 입자를 보호한다는 것은 매력적인 이론이었고, 그 존재를 검증하기 위해 LHC가 설계되었다.

양자 경관 다중우주 이론에 따르면, 각각의 파동-우주들은 저마다 다른 '초대칭을 깨뜨리는 에너지'를 가진다. 왜냐하면 다양한 파동-우주가 서로 다른 에너지 경관 지형에 국소화되면서 다양한 규모의 빅뱅-인플레이션 에너지를 촉발하기 때문이다. 그런데 우리가 발견한 것처럼, 파동-우주들은 경관의 고에너지 지형에 정착하는 것을 선호한다. 그러므로 초대칭이 정말 존재하고 그것이 깨짐으로써 고에너지 경관 진공이 만들어진다면, 초대칭은 기존에 예상한 힉스 에너지보다 훨씬 높은 에너지에 묶여 있다는 결론이 나온다. 따라서 우리는 초대칭을 깨뜨리는 에너지가 힉스 입자의 에너지 수준(충돌기에서 재현되는 수준)이 아니라 그보다 10억 배 이상 높은 수준에서 발견될 것으로 예측했다. 실제로 LHC는 힉스 에너지 수준에서 초대칭을 발견하지 못했다.

10년이 채 지나지 않아 일곱 가지 예측 중 여섯 가지에 대해 결정적이진 않지만 유의미한 증거가 확보되었다. 우리의 일곱 번째 예측은 우주의 팽창에 대한 은하들의 상대적인 운동과 관련이 있는데(그 운동을 '암흑류**Dark flow**'라고 부른다), 아직 미해결 문제로 남아 있다. 두 연구팀의 관측 결과가 나왔지만 결론이 나지 않았고, NASA의 주도로 암흑류를 관측하는 천체물리학 팀은 연구비 삭감으로 인해 프로젝트를 완료하지 못했다. 언젠가 그들이 연구를 재개할 수 있기를 바랄 뿐이다.

우리의 얽힘 변칙 예측은 처음 시작할 때 기대했던 것 이상의 수준으로 검증되고 관측되었다. 더군다나 냉점 관측은 발견으로 간주될 만큼 충분히 높은 신뢰 수준에서 정확성을 확보했다. 물리학에서 관측 결과와 발견의 차이는 그 결과의 신뢰 수준에 대한 통계적 추정치와 관련이 있는데, 이를 시그마sigma라고 한다. 시그마 값이 4보다 크면 관측 결과를 발견이라 할 수 있다. 관측의 오차가 극도로 낮아서 신뢰 수준이 매우 높다는 뜻이기 때문이다. 일상의 말로 표현하자면 "의심의 여지가 없는 수준"이다. 냉점 관측의 시그마 값은 5에 가깝다.

그렇다면 우리우주가 양자 다중우주에서 기원했다는 완벽한 증거가 확보된 것일까? 그렇지 않다. 자연은 자신의 비밀을 꼼꼼하게 숨기고 있다!

다중우주의 증거에서 증명으로 나아가는 데 걸림돌이 되는 것은 우리의 모형이나 기술에 대한 논쟁이 아닌 '우주 분산Cosmic variance'이라는 통계적 문제이다.

통계적으로 볼 때, 측정해야 할 표본이 많을수록 결론의 신뢰도도 높아진다. 예를 들어 은하의 성질(가령 온도)을 측정한다고 해보자. 그렇다면 더 많은(그리고 더 비슷한) 은하를 측정할수록 우리가 얻은 결과의 신뢰도도 높아질 것이다. 만약 천체물리학자들이 어떤 은하 형성 이론을 고안했는데, 그 이론에 따르면 은하의 온도가 약 50만 도로 예측된다고 가정해보자. 그리고 만일 그들이 관측할 수 있는 은하가 단 하나밖에 없고 그 은하의 온도가 실제로 50만

도라서 그들의 예측이 맞아떨어졌다고 해보자. 그들은 기뻐하겠지만, 그 발견은 그저 우연일 가능성도 있다. 통계적으로 볼 때 표본이 단 하나뿐이라면 예측이 옳을 가능성은 고작 50퍼센트밖에 안 된다. 두 번째 은하를 측정해도 똑같은 온도가 관측될 거라고 누가 말할 수 있겠는가? 그러나 천체물리학자들이 1조 개의 은하를 관측해서 대부분 온도가 50만 도임을 발견했다면, 그들의 예측이 오류일 가능성은 매우 낮을 것이다. 그럴 경우 실제로 오류 가능성은 100만분의 1 정도로 낮다. 오류율이 워낙 낮아서 그 결과는 결정적인 것으로 간주될 수 있다. 즉, '발견'이 되는 것이다.

우주론의 문제점은 우주 지평선 근방의 신호(가령 진동수가 낮은 우주배경복사 배음)를 탐색할 때 측정을 수행할 수 있는 표본이 단 하나, 우리우주밖에 없다는 것이다. 우리는 1조 개의 다른 우주에서 측정을 반복할 수가 없다. 우리에게는 정교한 기술이 있지만, 먼 거리에서는 통계적 오류율이 클 수밖에 없다. 왜냐하면 오직 하나의 우주만 측정할 수 있기 때문이다. 바로 이것이 우주 분산의 문제이다. 그러므로 모든 우주배경복사 실험에서 대규모 변칙 현상이 발견되긴 했지만, 그러한 결과에는 불가피하게 큰 통계적 오차가 뒤따른다. 기술의 수준을 향상하는 것으로는 우주 분산의 문제를 극복할 수 없다. 이것은 통계적 문제이며, 측정할 우주가 하나밖에 없기 때문에 언제나 발생할 수밖에 없는 문제이다.

그러나 우리의 여섯 가지 예측을 뒷받침하는 관측 증거는 우리우주가 다중우주의 한 부분임을 압도적인 수준으로 확증한다. 그 이유는 다음과 같다. 첫째, 변칙 현상들이 관측된 후 그중 **하나**를 설명하는 모형을 고안하는 것은 가능하지만, **여섯 가지 전부**를 한 이론으로 소급해 한꺼번에 설명할뿐더러 예측까지 하는 것은 거의 불가능하다. 더 중요한 점이 있다. 관측이 이루어진 뒤에 변칙 현상을 설명하는 것이 아니라 관측 결과가 알려지기 전에 정확하게 예측했다는 점에서 더욱 강력하고 설득력이 있다.

둘째, 빅뱅-인플레이션에서 가장 중요한 예측이 균일성과 균질성이라는 점을 떠올려보라. 우리우주에서 관측된 변칙 현상들은 균일성의 원리를 위배한다는 점에서 의미가 있다. 그 현상들은 인플레이션을 통해 생성된 단 하나의 우주로는 설명되지 않는다. 변칙 현상들을 설명하려면 우리우주에 존재하는 모든 구조와 우주배경복사의 형성에 추가적으로 영향을 미친 제2의 원천이 필요하다. 바라건대, 나와 공동 연구자들은 그 제2의 원천이 양자 다중우주임을 설득력 있게 주장하고 있다고 생각한다.

다중우주를 증명하고 그 증거를 찾으려는 노력에는 자연이 부과한 한계가 있다. 광속 제한으로 인해 우리는 우리우주 지평선 너머의 구조를 직접 관측할 수가 없다. 게다가 우주의 지평선 근처를 관측할 때에는 우주 분산이라는 제약이 있다. 그렇다고 해서 다중우주에 관한 사실을 추론할 수 있는 희망을 포기해야 할까? 나는 그렇지 않다고 생각한다. 다음과 같은 예시를 생각해보자. 당신의 팔을 살펴보라. 아무리 보아도 그 안에 있는 원자는 물론이고 원자 내부의 양성자와 중성자, 전자도 보이지 않는다. 거울에 비친 당신의 모습을 본다고 해서 신경세포가 발화할 때마다 머릿속에서 날아다니는 전자가 보이지도 않는다. 하지만 당신의 의식적 사고는 당신이 원자로 이루어져 있음을 잠시라도 의심하지 말라고 이야기한다. 당신은 몸속에 원자가 있다는 진실에 의문을 품지 않을 것이다. 실험실과 우주에서 검증된 이론, 즉 입자 표준모형과 표준우주모형을 알고 있기 때문이다. 우리를 존재하게 만든 일련의 사건에 대해 그 이론이 일관된 답을 제공해준다는 것을 우리는 알고 있다. 입자 표준모형과 표준우주모형이 옳다는 것을 알아보기 위해 몸소 검증해볼 필요는 없다.

마찬가지로, 우리우주가 양자 다중우주의 한 부분이라는 우리의 이론은 우리의 존재와 그 너머의 존재에 대해 일관되고 모순 없는 이론을 제공한다. 그리고 모든 관측이 뒷받침하는 예측을 내놓기도 했다. 우리의 이론은 우리 기원에 관한 답이 도출될 수 있음을 보여주었다. 그리고 양자얽힘을 통해 다중우주의 존재를 과학적으로 검증할 방법도 제안했다. 그런 연유로 나는 더 광대하고 복잡하며 아름다운 우주의 존재를 믿게 되었다. 우리우주는 거대한 다중우주의 극히 작은 부분에 불과하다.

우리 세 연구자는 우주가 고에너지에서 시작할 가능성이 높다는 것을 수학적으로 증명했고, 그 우주가 양자 다중우주에서 기원했다는 이론을 검증할 방법을 제시했다. 우리의 연구는 우리우주의 탄생 확률이 0에 가깝다는 기존의 추론과 뚜렷한 대조를 이룬다. 오히려 우리우주가 전혀 특별하지 않다는 사실을 보여주었으니 말이다! 앞서 나는 인플레이션 우주론이 불완전한 이야기라고 주장했는데, 우리의 기원을 설명하지 못하기 때문이었다. 우주의 이야기를 빅뱅 이전과 우리우주 너머의 영역까지 확장함으로써 우리의 이론은 표준우주모형을 완결한다. 이 이론은 우리우주의 진화 과정을 단계별로 추적할 수 있는 일관된 이야기를 제공한다. 우리우주는 경관 진공에 정착한 양자 파동묶음에서 시작해 빅뱅-인플레이션 폭발을 거쳐 거대한 고전우주로 성장했다. 그리고 우리우주의 하늘에는 양자 다중우주에서 비롯된 흉터가 남아 있다.

다중우주가 과학 연구의 영역으로 들어오면서 연구자들은 단일우주 시나리오에 심각한 문제가 있다는 사실을 점점 더 인식하게 되었다. 다중우주의 실마리는 언제나 우리 앞에 있었지만, 모든 것의 이론을 향한 선입견과 좁은 시야 때문에 눈에 띄지 않았다.

오늘날에는 상황이 변하고 있는 것 같다. 내가 이 책을 쓰는 동안, 한때 단일우주론을 연구하던 수많은 과학자들이 진영을 바꿔서 현재 다중우주모형을 연구하고 있다. 점점 더 많은 이들이 우리의 기원을 더욱 광대한 우주 이야기의 한 장에 불과한 것으로 이해하고 있다. 수년간, 아니 실제로는 수천 년간 급진적인 발상으로 여겨진 것이 이제 주류가 되었다. 지금은 세상을 떠난 스티븐 호킹은 2000년이 되기 전에 단일우주를 설명하는 모든 것의 이론이 발견되리라 예측했다. 하지만 그 본인도 다른 수많은 동료와 마찬가지로 21세기에 들어서서 다중우주론을 연구하기 시작했다.

과학은 지식의 문턱을 넘어 우주 탄생의 순간과 그 이전 시간으로 나아가고 있다. 그리고 우리가 찾아낸 사실은 수세기에 걸쳐 소중하게 여겨진 이론들을 뒤엎으려 하고 있다. 우리는 과학의 역사상 전례 없는 순간을 맞이하고 있다. 처음으로 자연법칙과 우주의 기원이 단순히 이론적 구상에서 그치지 않고 검증과 증명을 거칠 수 있게 되었다. 단일우주에서 다중우주로 패러다임이 전환되면서, 과학은 거대 이론의 탐구에서 본격적인 다중우주의 탐구로 옮겨가고 있다. 그 과정에서 인간이 우주의 특권적 존재가 아니라는 코페르니쿠스 원리Copernican principle가 우주 전체로 확장되었다. 다중우주론이 모든 검증을 통과한다면 이것은 인류 역사상 가장 중요한 발견으로 남을 것이다.

11장

—

무한과 영원

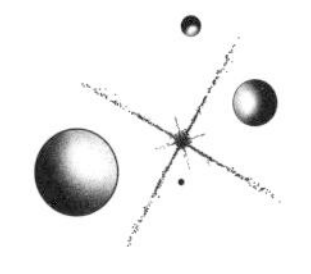

우리가 다중우주론을 처음 선보인 이후 몇 년간 다중우주 연구는 우주론의 변두리에서 매우 활발하고 유망한 분야로 발전했다. 한때 이방인의 처지와도 같았던 나의 다중우주론은 이제 유일한 이론이 아니다.

흥미롭게도 로저 펜로즈 또한 대안적인 다중우주론을 제안했다. 펜로즈는 모든 것의 이론으로 설명되는 단일우주의 강력한 옹호자로서, 1장에서 처음 만나본 인물이자 수년 전 나의 탐구에 영감을 준 물리학자이다.

내가 다중우주론을 제시한 지 3년 뒤인 2007년, 나는 채플힐캠퍼스로 펜로즈를 초대했다. 거대 거시공동이 이제 막 관측된 참이라 그 극적인 발전에 몹시 들떠 있던 때였다. 나는 펜로즈와 이야기를 나누고 그의 반응을 듣고 싶었다. 그는 모든 것의 이론을 연구하는 세계적인 선구자였다. 나는 펜로즈의 견해를 존중했지만, 그가 내 이론에 반대하리라 짐작했다.

나는 공항에서 펜로즈를 맞이했고 캠퍼스 내부 호텔까지 그를 데려다주었다. 그는 하루 종일 여행하느라 저녁식사를 하지 못했다고 했다. 운전을 하며 그의 여행 이야기를 듣는 동안, 나는 속으로 약간 당황했다. 채플힐 같은 작은 마을에서는 늦은 저녁 식사를 할 방법이 별로 없었기 때문이다. 호텔 주방은 이미 문을 닫았고, 요리사와 직원도 전부 퇴근한 상태였다. 펜로즈와 나는 프랭클린가를 걸으며 영업 중인 음식점을 찾아 헤맸다. 30분쯤 걸었을까? 우리는 '탈룰라'라는 이름의 튀르키예 음식점을 발견했다. 음식점 주인이 문에 영업이 끝났다는 팻말을 걸어두려 하는 참이었다. 나는 황급히 달려가서 좀 더 영업을 해줄 수 없냐고 부탁했다. 매우 중요한 손님이 방문했는데 그에게 식사를 대접할 곳을 찾는 중이었다고 설명하면서. 식당 주인이 베푼 친절함과 환대 덕분에 우리는 무사히 곤경에서 벗어날 수 있었다. 그는 망설이지도 않고 우리를 식당 안으로 맞이했다. 그리고 화덕이 꺼진 탓에 몇 가지 차가운 전채 요리밖에 없다며 양해를 구했다. 펜로즈와 내가 식탁에 앉자 식당 주인이 요리를 가져왔다. 그러고는 바에 앉아 맥주를 마시며 우리가 저녁 식사를 마칠 때까지 느긋하게 기다려주었다.

펜로즈와 함께 어려운 문제를 논의할 때 가장 즐거웠던 점은 설령 의견이 다를지라도 물리학을 향한 놀라운 열정이 전해졌다는 것이다. 그럴 때마다 그는 마치 장난감 가게에서 원하는 것은 무엇이든 가질 수 있다는 말을 듣고 신이 난 다섯 살 아이 같았다. 우리는 최근에 불거진 '경관이 초래한 위기'에 대해 이야기를 나누었다. 내가 다중우주에 대한 의견을 말하자, 펜로즈는 몹시 들뜬 상태로 순차 우주Sequential universe라는 아이디어를 들려주었다.*

펜로즈의 순차 우주모형에서 우주의 시작과 끝은 하나의 순열로 연결되어 있다. 그 우주모형에 따르면 먼 미래에는 암흑에너지 때문에 우리우주가 완전히 텅 비워진다. 모든 관찰자는 우주의 열죽음을 맞으며, 우리우주는 영원히 일정한 엔트로피를 유지한다. 그리고 물리학 법칙에 따라 시간이 멈춘다. 아무것도 변하지 않는 우주에서 시계를 만들 수는 없는 노릇이다. 우주에 아무런 변화도 일어나지 않기 때문에(매우 크고 균일하며 매끄럽고 텅 비어 있기 때문에), 우리는 아무런 정보 손실 없이 우주의 크기를 작게 재조정Rescale할 수 있다(우주와 그 안에 존재하는 모든 것의 크기를 재조정하는 작업은 수학 용어로 '등각 변환Conformal transformation'이라고 한다). 재조정을 거쳤을 때 우리 손에는 작고 매끄러우면서도 에너지로 가득 찬 공간이 놓여 있다. 그 공간은 다시 폭발해서 급팽창한 뒤에 전형적인 우주의 역사를 거친다. 그러고는 먼 미래에 다시 텅 비워져서 시간이 얼어붙고, 또다시 처음으로 돌아간다.

* 펜로즈의 우주모형은 '등각 순환 우주론Conformal cyclic cosmology'이라는 이름으로 더 잘 알려져 있다.—옮긴이

펜로즈의 제안에 따르면, 태초의 인플라톤과 우주 말년의 암흑에너지는 동일한 에너지 원천이다. 따라서 우주는 주기적으로 계속 반복하면서 무한한 수의 순차 우주를 만들어낸다. 펜로즈는 순차 우주 하나하나를 '이온Aeon'이라고 불렀다. 각각의 이온도 하나의 우주이기 때문에, 시간 속에서 펼쳐진 우주의 집합도 다중우주라 할 수 있다. 흥미롭게도 각 주기가 끝날 때마다 시계가 멈추는 덕분에 펜로즈의 이론은 열역학 제2법칙을 위배하지 않는다. 시간의 화살표가 각 이온마다 재설정되기 때문이다. 펜로즈는 우주들이 차례대로 생성되는 순차 다중우주를 대가로 지불해 열역학 제2법칙을 구제한 셈이다.

근처의 빈 식탁에서 가져온 종이 냅킨에 그림을 그리고 방정식을 적으며 신나게 이야기를 나누는 동안, 나는 틈틈이 식당 주인을 바라보았다. 그는 여전히 바에 앉아 세 번째 맥주를 들이켜면서 튀르키예어로 가족과 통화를 하고 있었다. 몹시 사려 깊게도 서두르라는 신호로 보이지 않도록 일부러 우리 쪽을 쳐다보지 않고 있었다. 주인에게는 정말 미안한 일이지만 우리는 아직 할 이야기가 남아 있었다.

저녁 식사가 끝날 무렵, 나는 펜로즈가 단일우주를 위한 통일 이론을 찾는 작업에 의욕을 보이면서도 한편으로는 자신의 우주모형으로 무심코 다중우주를 만들어내고 말았다는 사실을 깨달았다. 그것은 무한한 수의 순차 우주, 즉 다중우주였다. 물론 그의 우주 집합은 공간이 아닌 시간 속에 존재하지만 말이다. 그 점을 명확히 하면서 나는 우리우주 기원의 수수께끼를 푸는 모든 시도가 결국 다중우주로 귀결될 것이라고 펜로즈를 설득하려 했다. 그 다중우주에는 그의 모형도 포함되어 있었다. 우리는 몇 시간 동안 이 문제에 관해 토론했고, 마침내 새벽 한 시가 되어서야 식당을 떠났다. 우리는 식당 주인에게 깊은 감사의 말을 전했다.

그날 밤 탈룰라에서 펜로즈와 나눈 대화는 가장 기억에 남는 지적 순간이었다. 그 후로도 펜로즈와 여러 번 만나 우주의 기원에 대해 공개적으로 논쟁을 벌였다. 제일 최근에 함께한 토론에서 그는 우리우주가 탄생할 가능성에 대한 자신의 '터무니없는 수'를 수정했다고 밝혔다. $10^{10^{123}}$에서 $10^{10^{124}}$로 늘렸던 것이다!★

열역학 제2법칙을 우회하는 펜로즈의 다중우주는 정말 독창적이지만, 그 참신함에 도전하는 다른 다중우주론도 있다. 인플레이션 우주론의 창시자 안드레이 린데와 앨런 구

★ $10^{10^{123}}$분의 1에서 $10^{10^{124}}$분의 1로 바뀐 것이니 우리우주의 탄생 확률이 더 줄어들었다는 뜻이다.— 옮긴이

스는 펜로즈와 비슷한 방식으로 우리우주의 기원 문제를 해결하려 했다. 펜로즈가 앞서 보여준 대로, 그들의 인플레이션 모형이 대처 불가능한 기원 문제를 야기한다는 점을 깨닫고 나서였다. 실제로 린데는 영원히 '번식'하는 우주라는 그림을 처음으로 제안한 사람이었다. 그의 이론은 '영원한 인플레이션 이론Eternal inflation theory'이라고 하는데, 순차 다중우주의 또 다른 유형으로 볼 수 있다. 인플레이션이 한 번 자발적으로 일어날 수 있다면 그 뒤에도 계속 자발적으로 일어날 수 있다고 린데는 주장했다. 단일우주가 증식하면서 새로운 거품우주Bubble universe들을 낳고, 그 거품우주들이 확장되면서 비슷하게 번식을 통해 더욱 더 많은 자손을 만들어낸다(앞서 언급했듯이, 우리의 4차원 우주는 평탄하지만 3차원 공간의 측면에서 보면 공처럼 생겼다. 따라서 **거품우주**라는 용어는 4차원의 평탄한 기하 구조가 아닌 3차원의 공 모양을 가리킨다). 우리에게 영원이란 시간이 주어진다면 더 많은 인플레이션이 일어나서 새로운 거품우주가 생성될 시간은 얼마든지 있다. 각각의 거품우주는 기존 거품우주의 한 부분에서 자발적으로 생겨난다. 기존 거품우주 또한 앞선 거품우주의 한 부분에서 인플레이션을 통해 생겨난 것이다. 이런 식으로 계속 이어진다.

린데의 영원한 인플레이션 이론은 다중우주에 관한 유기체적인 관점으로 마음을 사로잡는다. 실제로 이 다중우주와 가장 많이 닮은 것은 자연의 생명체이다. 마치 아주 오래된 나무가 매년 새로운 가지와 잎을 계속 자라게 하는 것처럼, 이 인플레이션 우주는 새로운 거품우주를 끊임없이 낳는다.

그러나 린데와 구스의 영원한 인플레이션 이론 또한 익숙한 문제와 맞닥뜨린다. 우리우주의 기원을 탐구할 가능성을 차단한다는 것이다. 펜로즈와 호킹의 특이점 정리가 우주 탄생 이전에는 정말 아무것도 없다고 가정하면서 그러했던 것처럼 말이다. 영원한 인플레이션 이론에 따르면 우리우주의 기원을 부모 우주와 계통수까지 거슬러 올라가 재구성하는 작업은 나뭇잎 한 장의 기원을 알기 위해 그 잎이 나온 무한히 오래된 큰 나무의 새싹까지 추적하는 것과 비슷하다. 영원히 번식하는 우주는 우리를 한 거품우주에서 다른 거품우주로 데려간다. 모든 거품우주는 서로가 서로에게서 생겨난 것이며, 이렇게 끊임없이 과거로 거슬러 올라가게 된다. 영원한 인플레이션 이론이 맞다면, 우리의 기원은 무한한 과거까지 거슬러 간다. 그 과거는 이전에 존재했던 모든 거품우주의 무한히 많은 기원 속에 숨어 있다. 결과적으로, 최초의 탄생 순간은 영원한 과거 속에 숨겨져 있다. 그러므로 우리의 기원은 결코 추적할 수 없는 것이 되어버린다.

최근 들어 인플레이션 우주의 옹호자들은 영원한 인플

레이션을 검증할 방법을 찾고 있다. 심지어 내가 이론 검증 메커니즘으로 사용한 양자얽힘보다 더 유령처럼 보이는 개념에 의존하는 중이다. 영원한 인플레이션 이론에 따르면 끊임없이 생겨나는 거품우주들은 서로 충돌하게 된다. 그러므로 연구자들은 다른 거품우주와 충돌한 우리우주에 '균열'이 남았을 수 있다고 가정한다. 우리 하늘에 남은 또 다른 종류의 흔적인 셈이다. 대부분의 경우 두 거품우주의 충돌은 재앙이 될 텐데, 그렇다면 우리는 지금 이곳에서 그 주제에 대해 이야기하고 있지 못할 것이다. 하지만 영원한 인플레이션 옹호자들에 따르면 우리우주와 다른 거품우주의 충돌이 우리우주를 파괴하지 않도록 인류원리를 통해 충돌을 부드럽게 '조정'하는 것도 가능하다.

나는 그들의 생각에 동의하지 않는다. 관측상의 이유 때문이다. 공처럼 생긴 두 우주, 즉 두 거품우주가 부드럽게 충돌한다면 대칭성에 따라 각 우주의 표면에 어떤 잔물결이 생길 거라고 예측할 수 있다. 그 잔물결은 충돌 지점으로부터 마치 동심원처럼 퍼져 나갈 것이다. 그러한 유형의 물결은 아직 우리 하늘에서 관측되지 않았다.

하지만 호기심이 나를 이기고 말았다. 2013년, 나는 동료 물리학자 맬컴 페리Malcolm Perry와 함께 영원한 인플레이션 이론을 이해하기 위한 연구를 직접 수행하기로 결정했다. 페리는 케임브리지대학교 응용수학 및 이론물리학과에 소속된 물리학자이다. 우리는 영원한 인플레이션이 정말로 영원한지 조사하고자 했다. 그리고 도모와 홀먼과 내가 제안한 양자 경관 다중우주 이론에 영원한 인플레이션 이론을 통일시킬 수 있는지 살펴보려 했다. 만약 이것이 가능하다면, 우리는 다중우주의 통일 이론이라는 특별한 전망에 도달할 수 있을 것이었다.

영원한 인플레이션 이론은 우리의 오랜 친구인 인플라톤 입자의 무작위한 양자요동에 기반하고 있다. 때때로 이런 요동으로 인해 인플라톤이 자발적으로 에너지를 상승시키고 국소적인 빅뱅을 일으킬 만큼 높은 에너지를 만들어 거품우주를 낳는 일이 생긴다. 하지만 인플라톤이 고에너지로 도약하는 것만으로는 거품우주가 만들어지지 않는다. 인플라톤이 우주를 생성하기 위해서는 고에너지 양자요동이 더없이 매끄럽고 작은 공간, 비유하자면 거품우주를 만들 목 좋은 부동산을 찾아야 한다.

결과적으로, 거품 다중우주가 만들어질수록 배경 공간이 더욱 거칠어지기 때문에 매끄러운 목 좋은 부동산을 찾기가 갈수록 어려워진다. 그러면서 거품우주를 추가로 만들어내는 것 또한 (불가능하진 않더라도) 점점 더 어려워진다. 스케이팅 선수가 갈수록 먼지와 티끌로 뒤덮이는 얼음 위에서 스케이트를 타는 장면을 떠올려보면 좋다. 얼음이 더 이상 매끄럽지 않다면 스케이팅 선수는 스케이트를 타고 부드럽게 나아가지 못할 것이다. 얼음 표면에 쌓인 꺼칠꺼칠한 먼지와 스케이트의 날카로운 날이 접촉하며 생기는 마찰 때문에 스케이팅 선수는 갑자기 멈추게 될 것이다. 이와 마찬가지로, 시공간이 갈수록 '울퉁불퉁'해진다면 우주는 점점 더 번식하기가 힘들어진다. 맬컴과 나는 이 시나리오에서 영원한 인플레이션이 결국 멈춘다는 점을 발견했다. 다중우주를 만드는 것은 생각보다 어려워 보인다.

나는 고인이 된 친구이자 동료인 스티븐 호킹과 자주 토론하면서 다중우주에 대한 과학적 사고가 얼마나 빠르게 변화하는지 알 수 있었다. 모든 것의 이론을 연구하느라 일생의 대부분을 바친 상징적인 선구자 호킹은 처음에는 인류원리의 관점에서 우리우주가 끈이론 경관에서 선택되었다는 견해를 받아들였다. 그러다가 점차 모든 것의 이론에서 벗어나 영원한 인플레이션을 탐구하면서 다중우주의 가능성을 열어두었다. 하지만 영원한 인플레이션 모형에도 문제가 있다는 사실을 확신한 뒤로는 새로운 모형을 탐구하기 시작했다(호킹은 맬컴이나 나와는 독립적으로 그 사실을 알아냈고 확신의 이유도 달랐다). 결국 그는 생애 마지막 몇 년간 다중우주 물리학 연구를 활발하게 진행했다.

호킹이 다중우주론으로 전향한 것은 새로운 천 년이 지나면서 물리학의 해당 분야가 격변을 겪었다는 사실을 잘 보여준다. 한때 변두리에 불과했던 발상이 이제는 주류로 확고하게 자리 잡은 것이다.

솔직히 말하자면, 다중우주를 연구한 초창기에 나만 별종이었던 것은 아니다. 우리와 독립적으로 연구했던 또 다른 다중우주 패러다임의 옹호자로는 매사추세츠공과대학교의 저명한 이론물리학자 맥스 테그마크Max Tegmark가 있다. 우리우주가 유일하지 않다면 암흑에너지부터 생명체의 존재까지 물리학의 수많은 심오한 수수께끼가 더욱 잘 설명된다고 그는 주장했다. 테그마크는 수학적 다중우주를 지지했다. 수학적 다중우주란, 눈에 보이든 보이지 않든 모든 가능한 수학적 대상(예를 들어 도넛 모양 우주부터 날아다니는 스파게티 괴물 모양 우주까지)이 물리적으로 구현되는 다중우주이다. 수학적 다중우주 이론은 엔트로피 논증에 기반한 견해이며 광범위한 철학적 함의를 지니고 있지만, 양자 경관 다중우주 이론보다 관측으로 검증하기가 더 어렵다.

테그마크와 호킹, 구스와 린데 그리고 펜로즈의 이론은 다중우주모형 중에서 인기 있는 일부에 지나지 않는다. 오늘날에는 이와 다른 수많은 다중우주론이 존재한다. 하지만 이 모든 이론들은 공통점을 가지고 있다. 60년 전에는 기껏해야 허무맹랑한 것으로 여겨지고 최악의 경우 이단으로 간주되었던 아이디어를 사실로 상정하고 있다는 것이다. 그 아이디어에 따르면, 우리는 단일우주를 위한 모든 것의 이론을 필요로 하지 않는다. 우리는 그저 다중우주에 존재할 뿐이다.

몇 년 전, 나는 영국의 헤이온와이Hay-on-Wye에서 열린 '빛은 어떻게 내면에 스미는가HowTheLightGetsIn'라는 연례 축제에서 보수적인 다중우주 반대자와 토론을 한 적이 있다. 다중우주를 옹호하는 주장에 격분한 그는 나와 청중에게 다음과 같이 단언했다. "하지만 물리학계의 절반은 다중우주를 믿지 않습니다!" 그는 사람들이 자신의 무거운 발언을 곱씹어 보도록 잠시 침묵했다. 나는 분위기를 가볍게 환기하기 위해 농담으로 대답했다. "그럼 물리학계의 나머지 절반은 다중우주의 존재를 믿는다는 데 동의하시는 건가요?" 모두들 웃음을 터뜨렸다. 나는 우리 둘 다 옳다는 걸 알고 있었다.

독일의 철학자 아르투어 쇼펜하우어Arthur Schopenhauer가 남긴 매우 적절한 말이 떠오른다. "진리는 세 단계를 거친다. 처음에는 조롱을 받고, 다음에는 격렬한 반대에 직면하다가, 결국 자명한 것으로 받아들여진다." 오늘날 수많은 과학자는 우주 전체가 단일우주보다 더 광막할 가능성을 자명한 것으로 받아들이고 있다.

사상 처음으로 우리는 이 작은 행성에서 하늘을 올려다 보면서 우리우주의 지평선 너머, 우주론이 가리키는 먼 구석을 보고 이론을 검증할 방법을 알게 되었다. 이제 우리는 유한하고 일시적인 우주로부터 마침내 무한과 영원을 향해 나아갈 수 있다.

에필로그

경계와 한계를 넘어

21세기까지 포함하여 과학의 역사를 살펴보면, 과학자들이 그러지 않으려고 아무리 노력했어도 결국 기존의 이론과 결별함으로써 발견이 이루어진 경우가 많다. 그럼에도 주류에서 벗어나는 것은 쉬운 일이 아니다. 기존의 이론은 과학자들과 함께 성장하고, 수많은 영감의 원천이며, 없어서는 안 될 것이기 때문이다. 또한 과학자에게 평생의 동반자이며 가장 친한 친구나 다름없다. 이론의 발견은 과학자 본인의 산물이며, 그녀가 과학에 이끌리는 매력 요인이자 그녀보다 오래 존속하는 유산이다. 운 좋은 과학자들은 일생 동안 한두 가지의 획기적인 아이디어를 제시한다.

그러나 의기양양하게 제시된 획기적인 아이디어는 기존 이론을 유지하고자 하는 열망에 맞서 시험대에 오르게 된다. 양자론의 창시자들, 가령 플랑크와 아인슈타인, 보어와 하이젠베르크 그리고 슈뢰딩거를 비롯한 당대의 위대한 과학자들 또한 시험을 거쳤다. 시험에 맞닥뜨린 수많은 위대한 과학자는 적어도 처음에는 실패를 겪었다.

이러한 상황에서 과학자들은 딜레마에 빠진다. 그들은 본인의 이론과 연구의 토대가 된 기존의 이론 중에서 하나를 선택해야 한다. 도저히 선택할 수 있을 것 같지가 않다.

하지만 아무리 어려운 선택일지라도, 유능한 과학자라면 누구나 같은 길을 선택할 것이다. 아무리 가파른 오르막일지라도 그들은 탐구와 지식, 검증 가능성의 길로 들어선다. 양자론의 창시자들도 마찬가지였다. 그들은 처음에는 고전물리학의 결정론에서 벗어나지 않으려 했다. 그러나 정답을 찾았다는 확신이 들자 상상도 하지 못할 일을 해냈다. 과학자로서의 정직함이 결정론이라는 경직된 엄격함을 뒤엎은 것이다. 그들은 고전물리학의 힘에 굴복하지 않고 당당하게 맞섰다. 그리고 용감하게 양자의 영역으로 건너가 세계관을 영원히 바꿔버렸다.

다중우주론은 어쩌면 이와 비슷한 또 다른 패러다임 전환을 일으킬지 모른다. 그럼으로써 우리가 이 세계 자체와 세계 속 우리의 위치를 생각하는 방식을 영원히 바꿔버릴 수도 있다. 우리는 우리우주가 영원하지 않고 무한하게 크지도 않다는 사실을 알고 있다. 우리우주는 138억 년 전에 시작되어 현재 약 10^{27}미터 크기로 성장했다. 이는 큰 수이지만 상상하지 못할 정도는 아니다. 우리는 우리우주의 지평선을 넘어서 150억 년 전 우주에 무엇이 존재했는지 그리고 크기가 10^{30}미터인 우주는 어떤 모습일지 궁금해할 수 있는 자격이 있다. 우리는 궁금해하며 탐구할 수 있는 마땅한 자격이 있다.

우주론은 사실 새로운 분야가 아니다. 가장 오래된 것으로 손꼽히는 인류의 지적 시도이다. 모든 전통적인 고대 신화에는 우주의 기원 이야기가 포함되어 있다. 때로는 신과 초자연적 힘에 근거하기도 하고, 때로는 밤하늘 관측과 비판적 사고에 기반하기도 한다. 오래전부터 인류는 우주를 향해 면밀한 질문을 던져왔다. 망원경과 컴퓨터, 아인슈타인 방정식과 양자론이 존재하기 훨씬 전부터 그러했다.

과거에 대한 지도 없이는 미래를 그려볼 수 없다. 그리고 우리의 과거에는 현재를 위한 매우 놀라운 교훈이 담겨 있다. 수많은 현대 우주모형과 우주에 대한 이론은 고대인의 지혜와 발상에서 그 뿌리를 찾을 수 있다. 그리고 우리 우주가 우주의 중심인지 아니면 광활한 다중우주 가운데 하나일 뿐인지를 둘러싼 오늘날의 많은 논쟁은 이전에도 벌어진 적 있다.

나는 아버지를 통해 과학적 사고의 발전을 접했다. 아버지는 러시아어로 번역된 영문 도서를 읽은 뒤에 그걸 알바니아어로 번역해서 나에게 읽어주셨고, 유배에서 돌아오는 일요일마다 지식을 나눠주셨다. 실리를 중시했던 어머니는 두 명의 지적 몽상가를 국립 도서관으로 보내셨다. 테라스에 카페와 케이크 가게가 있고 그 아래로 세 층에 걸쳐 자료실이 있었다.

지금도 나는 도서관 바닥을 덮은 초록색 바닥재의 냄새를 맡을 수 있다. 그 위에 앉아 미끄러져 내려가곤 했던 나선형 계단 난간을 볼 수 있고, 자신의 말에 주의를 기울이며 몰두하는 유일한 청자에게 과학적 사고의 역사에 관한 세미나를 진행하던 아버지의 목소리를 들을 수 있다. 나는 철학자들의 삶과 업적에 대해 아버지가 들려주시는 이야기를 좋아했다. 위대한 사상가들은 우주의 문제를 놓고 논쟁을 벌이며 싸웠고, 심지어 때로는 난투극을 벌이기도 했다. 아버지는 수천 그루의 나무를 하나하나 보지 않고 숲 전체를 보는 방법을 알려주셨다. 금지된 서양 문헌과 아이디어의 발전을 내가 처음 접한 것 또한 아버지의 번역을 통해서였다.

서양 우주론 사고의 뿌리는 고대 그리스까지 거슬러 올라간다. 과학이 아무리 많이 발전했을지라도 그리스 철학의 선구적 학파들은 우리우주의 구조와 그 너머에 존재하는 것에 대한 오늘날의 인식에 여전히 영향을 미치고 있다. 우주에 관한 가장 현대적인 아이디어는 고대 그리스에서 시작되었다. 기원전 400년경, 부유하고 유력한 가문에서 태어난 철학자 데모크리토스Democritus는 자신의 부를 활용해 인도와 이집트, 지중해 전역으로 여행을 다니며 다른 문화와 학자들의 지식을 흡수했다. 데모크리토스는 스승 레우키포스Leucippus의 가르침으로부터 다음과 같은 사상을 물려받았다. 분할되지 않는 물질 덩어리(원자) 그리고 그 덩어리가 움직이는 텅 빈 공간(진공)으로 세계가 이루어져 있다는 생각이었다. 데모크리토스는 또한 모든 사건을 100퍼센트 확실하게 추정하고 예측할 수 있는 결정론적 우주를 믿었다. 데모크리토스의 세계에서 원자의 운동은 기계적인 것이었다. 다시 말해, 원자의 운동은 일련의 규칙을 따르므로 완전한 예측이 가능했다.

데모크리토스의 우주 탄생 모형은 진공을 돌아다니는 원자들의 집합에서 시작된다. 원자들은 서로 뭉쳐서 별과 행성 그리고 우주 전체와 같은 더 큰 물체를 형성한다. 원자와 진공의 수는 무한하기 때문에 이 과정이 계속 반복되면서 수많은 우주가 형성될 수 있다. 그리고 각 우주는 서로 충돌하여 종말에 이르고 산산이 부서져 개별 입자들로 나뉜다. 그러므로 데모크리토스는 우리의 세계가 다중우주의 일부일 수 있다고 암시한 최초의 서양 철학자였다.

데모크리토스와 동시대에 활동한 철학자 가운데 플라톤Plato이 있었다. 소크라테스의 제자이자 서양 과학 및 철학에서 가장 영향력 있는 사상가인 플라톤은 자신의 동료 철학자를 미워했다고 해도 과언이 아니다. 플라톤은 데모크리토스의 모든 저술을 불태우려 했을 정도로 그의 생각을 굉장히 싫어했다고 한다. 나는 2000년 후 아이작 뉴턴이 똑같은 짓을 저지르려 했다는 사실을 알고 매우 놀랐다. 동료 과학자이자 영국 왕립학회 전임 회장이었던 로버트 후크Robert Hooke의 흔적을 전부 지우기 위해서 그의 저술과 초상화를 모두 불태우려 했다는 것이다. 이러한 일은 이후에도 거듭 발생했다. 과학자들의 수많은 갈등은 3000년 동안 오늘날과 똑같은 악의와 헌신 그리고 열정으로 얼룩진 채 반복되었다(그래도 인터넷이 없던 시대에는 그 독기가 조금 덜했을지도 모르겠다).

데모크리토스의 우주모형은 원자와 진공으로 물질세계를 설명하지만, 플라톤은 다른 입장을 취했다. 그는 두 가지 층위의 존재를 가정했다. 우리 주변에 보이는 물리적 세계 그리고 그 물리적 세계를 형성하고 유지하는 더 높은 차원의 추상적 존재(형상 또는 데미우르고스의 세계)이다.

플라톤의 제자이자 자연과학자의 선조 아리스토텔레스Aristotle는 플라톤과 다른 견해를 제시했다. 아리스토텔레스는 사건의 원인을 물리적 세계에서 찾을 수 있다고 믿었다. 더 높은 차원의 힘이나 데미우르고스는 필요하지 않았다. 데미우르고스 없이 행성과 별의 운동을 설명하기 위해 그는 우주가 회전하는 에테르 천구들로 이루어져 있고, 그 안에 행성과 별이 '붙박여' 있으며, 지구가 천구들 중심에 놓여 있다는 견해를 받아들였다. 아리스토텔레스의 에테르는 수정과 같은 보이지 않는 물질로서 공간을 가득 메우고 있다. 그의 우주는 시작도 끝도 없이 영원하지만, 공간적으로는 지구의 약 2만 배 크기로 제한되어 있다.

아리스토텔레스의 우주모형은 지구를 중심으로 하는 프톨레마이오스 체계로 뒷받침되었다. 그 체계는 알렉산드리아의 천문학자 클라우디오스 프톨레마이오스Claudius Ptolemy가 기원후 2세기에 고안한 것이다. 그의 지구 중심 체계에서 지구는 우주의 중심에 놓여 있다. 천구가 회전하면서 행성을 운동시킨다는 프톨레마이오스의 견해는 갈릴레오의 시대가 도래할 때까지 거의 2000년 동안 천문학을 지배했다.

하지만 우리우주에 대한 포괄적인 생각을 제시했던 인물이 아리스토텔레스와 플라톤, 데모크리토스만 있었던 것은 아니다. 기원전 3세기에 그리스의 원자론자이자 철학자였던 에피쿠로스Epicurus가 일종의 보편적인 '불확정성 원리'를 추론했다는 것을 알고 나는 깜짝 놀랐다. 하이젠베르크가 그 원리를 세우기 2000년도 더 전이었다! 에피쿠로스는 인간의 자유의지를 인정하고 싶어 했다. 만일 원자의 경로가 미리 결정되어 있어서 예측 가능하다면 사람들의 일생 경험도 미리 결정되어 있어야 한다고 그는 생각했다. 사람들 역시 원자로 이루어져 있기 때문이었다. 하지만 그게 정말 사실이라면 사람들은 자신의 실존에 참여하는 것이 아니라 방관자가 될 뿐이었다. 에피쿠로스가 보기에는 그럴 리가 없었다.

그 결과 에피쿠로스는 데모크리토스의 예측 가능한 결정론적 세계가 아니라 예측 불가능한 비결정론적 우주를 옹호하게 되었다. 에피쿠로스는 자연이 진공 속 원자들의 작은 이탈 또는 탈선을 무작위로 허용한다고 가정했다. 그렇다면 원자들은 미리 결정된 경로에서 벗어나게 된다. 인간이든 우주 전체든 원자들의 이탈이 쌓이다 보면 경로가 비결정적으로 변하기 때문에 오직 우연의 관점에서만 이야기할 수 있다. 에피쿠로스의 삶을 살펴보면 두 가지 놀라운 사실이 두드러진다. 첫째, 불확정성 원리와 비결정론적 우주를 옹호하는 그의 추론은 인간 도덕성에 자유의지가 포함되어 있다는 논증을 통해 이루어졌지만, 결과적으로는 양자 불확정성 원리로 이어졌다. 둘째, 에피쿠로스의 수많은 저술은 재앙과도 같은 사고 덕분에 보존되었다. 18세기에 헤르쿨라네움의 한 마을이 발굴되던 중, 부유한 로마 원로원의 저택에서 파피루스 저술이 보관된 서고가 발견되었다. 그 파피루스는 기원전 79년 베수비오산에서 분출된 화산재로 인해 탄화된 상태로 보존되어 있었다.

에피쿠로스가 물리학과 윤리학에서 이룬 업적의 중요성은 아무리 강조해도 지나치지 않다. 토머스 제퍼슨Thomas Jefferson은 다음과 같이 적으면서 본인을 에피쿠로스주의자로 간주했다. "시간이 허락한다면 나의 작은 책에 그리스어, 라틴어, 프랑스어 본문을 나란히 세로로 배치하고, 에피쿠로스의 학설을 다룬 가상디의 《철학 집성*Syntagma philosophicum*》 번역문을 추가하고 싶다. 스토아학파의 비방과 키케로의 조롱에도 불구하고 에피쿠로스의 학설은 지금까지 남아 있는 고대인의 철학에서 가장 합리적인 체계이다. 경쟁 학파들은 화려한 과장에 파묻혀 있지만, 에피쿠로스의 체계는 지독한 방종에서 벗어나 있으며 또한 덕으로 가득 차 있다."

에피쿠로스의 철학은 시인 루크레티우스Lucretius의 서사시 《사물의 본성에 관하여*De Rerum Natura*》를 통해 로마 사회와 서양 철학으로 다시 도입되었다. 에피쿠로스는 플라톤과 달리 우주의 형성과 조정에 신적 존재가 개입할 필요가 없다고 보았다. 오히려 데모크리토스의 견해에 동조하여 세계가 무한한 공간과 시간으로 이루어져 있으며 수많은 우주를 포함한다고 생각했다. 하지만 데모크리토스와 갈라진 지점도 있었다. 이 세계에 확실성은 존재하지 않는다고 보았기 때문이다.

데모크리토스의 결정론적 세계와 에피쿠로스의 비결정론적 세계 사이의 근본적인 논쟁은 오늘날까지 계속되고 있는 논쟁과 흡사하다. 이 두 진영은 수십 년간 줄다리기를 계속해왔다. 모든 사건을 예측하고 결정할 수 있는 아인슈타인의 고전우주 그리고 비결정론적 우주를 취급하며 수많은 우주를 허용하는 양자 다중우주로 나뉜 채 말이다.

고대 그리스의 이론은 우리의 시대가 도래하기 전까지 여러 세기에 걸쳐 영향을 미쳤다. 13세기가 되자 아리스토텔레스의 우주론은 서양의 신학자이자 철학자인 토마스 아퀴나스Thomas Aquinas를 사로잡았다. 아퀴나스는 아리스토텔레스의 패러다임을 기독교의 교리와 조화시키려 했다. 아리스토텔레스의 관점을 존중하면서도, 시작이 있는 우주, 신적 존재가 탄생에 개입한 우주를 상정했던 것이다.

16세기 초, 폴란드의 천문학자 니콜라우스 코페르니쿠스Nicolaus Copernicus는 1543년 사망하기 직전에 출간된 책에서 태양 중심 체계를 정식화했다. 그 체계에 따르면 지구는 태양 주위를 도는 행성들 가운데 하나에 지나지 않았다. 그럼에도 코페르니쿠스는 평생 동안 아리스토텔레스의 권위를 무너뜨리길 꺼려 하며 계속해서 아리스토텔레스의 천구를 옹호했다.

불과 몇십 년 지나지 않은 1570년대와 1580년대에 덴마크의 천문학자 튀코 브라헤Tycho Brahe는 지구를 비롯한 행성들이 실제로 태양 주위를 돈다는 사실을 발견했다. 상세한 관측을 통해 그는 혜성의 경로가 태양 주위를 지나치며, 따라서 천구를 통과한다는 것을 보여주었다. 아리스토텔레스의 동심원 천구 우주모형을 반박하는 관측 증거가 처음으로 제시된 것이다. 그리고 1571년에 태어난 독일의 수학자 겸 천문학자 요하네스 케플러**Johannes Kepler**는 브라헤의 계산을 바탕으로 행성 운동 법칙을 만들어서 태양의 위치를 태양계 중심으로 확정했다.

최종적인 증거는 갈릴레오 갈릴레이에게서 나왔다. 1564년에 피사에서 태어난 갈릴레오는 네덜란드의 안경 제조업자가 새로 발명한 망원경에 대한 소식을 듣게 되었다. 1608년과 1609년에 걸쳐 갈릴레오는 직접 만든 망원경으로 천체 관측을 수행했다. 그리고 망원경과 천재성을 활용하여 태양 중심 체계를 공식적으로 확정함으로써 다시는 지구가 우주의 중심으로 여겨지지 않을 것이라는 확신을 심어주었다. (우주의 구조에 대한 새로운 증거의 발견과 더불어 우주의 나이를 계산하려는 노력도 이어졌다. 박식한 학자이자 영향력 있는 아일랜드 성공회 주교였던 제임스 어셔**James Ussher**는 1650년에 우주가 기원전 4004년 10월 22일 오후 6시에 시작되었다고 선언했다. 어셔의 선언은 오늘날 이상하게 들릴 수도 있지만, 19세기와 20세기에 걸쳐 지질학 연구가 이루어질 때까지 진지하게 받아들여졌다. 한때 지구를 거닐었던 '무서운 도마뱀', 즉 공룡의 화석이 수백만 년 되었다는 사실이 밝혀지기 전까지는.)

아리스토텔레스의 우주론은 마침내 아이작 뉴턴에 의

해 자취를 감추었다. 뉴턴은 이론의 여지가 없는 물리학의 거인이었고, 왕립 천문대장 마틴 리스Martin Rees 경의 말처럼 "케임브리지대학교가 배출한 최고의 학생"이었다. 1687년에 처음 출간된 《자연철학의 수학적 원리*Philosophiae Naturalis Principia Mathematica*》에서 뉴턴은 중력과 운동 이론을 세상에 내놓음으로써 태양 중심 체계가 중력으로 유지된다는 것을 보여주었다. 오늘날까지도 뉴턴의 이론은 우주와 지구에 존재하는 물체의 운동을 대부분 설명하고 있다.

하지만 뉴턴은 공간과 시간이 우주를 구성하는 절대적인 요소라고 굳게 믿었다. 공간과 시간은 변함없이 존재했다. 그 안에서 모든 것이 존재하고 움직이도록 일종의 양동이, 즉 영구적인 그릇 역할을 한다고 보았던 것이다. 그러나 훗날 아인슈타인이 보여주었던 것처럼 이는 잘못된 생각이었다. 그래도 뉴턴의 중력 이론은 오랜 세월 물리학을 지배했다. 상황은 19세기 말부터 달라졌다. 수학과 물리학에서 더 많은 발견이 이루어지면서 과학자들이 뉴턴의 우주모형에 이의를 제기했던 것이다.

뉴턴은 공간과 시간이 변함없이 존재하며 우주와 천체의 운동을 지탱하는 구조라고 확신했다. 뉴턴의 공간과 시간을 형상화하면 아무리 무게를 실어도 모양이 변하지 않는 딱딱한 판자처럼 보일 것이다. 하지만 아인슈타인은 상황을 다르게 보았고, 그럼으로써 우리우주의 본질에 대한 이해를 완전히 뒤바꾸었다.

아인슈타인의 상대성이론은 뉴턴의 이론을 넘어섰다(뉴턴의 이론이 아리스토텔레스의 이론을 넘어선 것과 마찬가지였다. 과학의 역사가 바로 이런 것이다). 상대성이론은 특이점 이전에는 아무것도 존재하지 않는 우주를 제시했다. 그것은 절대적인 시계 제조공이 없는 우주였다. 그럼에도 우주의 탄생 자체만 제외한다면 모든 사건을 확실하게 계산하고 예측할 수 있었다.

당시까지의 기하학은 그리스의 수학자 유클리드Euclid가 기원전 300년경에 저술한 《원론*Elements*》에 기반을 두고 있었다. 유클리드는 몇 안 되는 공리로부터 기하학 원리들을 이끌어냈다. 첫 번째 공리는 "두 점 사이의 최단 거리는 직선이다"로, 우리가 쉽게 이해할 수 있다. 만일 우리가 시카고 미술관에서 리글리 빌딩까지 걸어간다고 할 때 가장 짧은 경로는 지그재그나 원이 아니라 미시간가를 따라 직선으로 가는 길일 것이다.

문제는, 유클리드 기하학이 우리우주의 시공간과 같은 휘어진 시공간에 적용되면 더는 유효하지 않다는 것이다. 잠시 우주가 지구와 비슷하게 공 표면처럼 생겼다고 상상해보자. 이 공 모양 우주에 사는 우리가 시카고에서 도쿄로 여행하려고 한다면, 공 위에서 시카고와 도쿄를 잇는 최단 경로는 북극을 지나는 원의 일부이다. 그 경로가 직선이 아님은 분명하다. 최단 경로가 원호인 것은 공의 곡률 때문이다. 우리가 예시로 든 휘어진 시공간에 유클리드의 직선 기하학을 적용한다면 혼동이 생길 것이다.

19세기 후반에 비非유클리드 기하학 연구를 중심으로 한 수학적 혁신이 새로운 우주론 구축의 토대를 마련하고 물리학을 변화시키기 시작했다. 그러한 기하학 연구로는 베른하르트 리만Bernhard Riemann, 니콜라이 로바쳅스키Nikolai Lobachevsky, 헤르만 민코프스키Hermann Minkowski의 연구가 대표적이다. 20세기 초는 물리학의 역사상 가장 위대한 혁명이 일어난 시기였다. 존재를 두 가지 층위로 나눈 플라톤의 오래된 관점과 마찬가지로, 20세기 물리학 또한 존재의 두 층위를 찾아냈다. 거시적이고 눈에 보이는 세계이자 단일하며 결정론적인 우주가 한편에서 상대성이론의 지배를 받고 있고, 미시적이고 눈에 보이지 않는 세계이자 원자와 전자, 입자와 파동의 거주지가 다른 한편에서 그 작동 원리를 양자역학의 손에 맡기고 있었다. 하지만 양자우주의 가장 파괴적인 요소는 크기가 작다는 것이 아니라, 우주의 탄생을 포함한 모든 사건이 불확정적이고 확률에 기반한다는 것이었다.

바로 여기가 이 책의 이야기가 시작된 지점이다. 지금까지 우리는 확률에 기반한 양자우주가 어떻게 수많은 세계, 즉 다중우주의 존재를 허용하는지 살펴보았다.

고대부터 3000년 이후까지의 여정은 길어 보일 수 있다. 하지만 시야를 더 넓혀보자. 지구에 생명체가 출현하는 데 약 38억 년이 걸렸다. 지금으로부터 40억 년 후 우리은하는 인근 은하인 안드로메다와 충돌할 것이며, 이 사건으로 지구가 멸망할 수도 있다. 하지만 그런 사건이 일어나기 전에 이미 태양의 광도가 증가해서 지구가 너무 뜨거워지므로 약 10억 년 안에 생명체가 멸종할 것이다.

이 정도 규모로 보면 5000년은 눈 깜짝할 사이에 지나지 않는다. 하지만 그 눈 깜짝할 사이에 인류는 상상력과 관찰력과 용기를 발휘했다. 그럼으로써 우주의 가장자리와 우주가 탄생한 138억 년 전의 첫 순간 그리고 우리우주의 탄생 이론에 이르기까지 지적 여정을 떠났고 눈부신 업적을 이루어냈다. 오늘날 우리는 물리학과 관측, 추정과 수학적 증명의 힘을 통해 우리우주가 잉태되기 전의 순간까지 거슬러 올라갈 수 있다.

현재 우리는 마음속으로나마 우리우주의 경계를 넘어 여행을 떠날 능력을 얻게 되었다. 하지만 그 과정에서 더 중요한 것을 발견했을지도 모른다. 우리우주와 우리의 존재 자체가 기묘한 양자 확률 게임에서 비롯되었으며, 우리우주는 복잡하고 광대하며 숨이 멎을 정도로 아름다운 우주 가족의 한 구성원에 불과하다는 사실을 말이다.

내가 어렸을 때, 부모님은 매년 여름 2주 동안 해변가 휴양 주택을 빌리셨다. 그곳은 아드리아해를 접한 오래된 해안 도시이자 부모님의 고향인 블로러였다. 그리스와 로마 시대에는 '아울로나'라고 불린 이 도시는 1980년대 공산주의 알바니아 시절에도 특별한 장소로 남아 있었다. 그곳의 전통과 미신, 풍경에 각인된 아울로나의 정신은 시간을 초월한 채로 떠돌고 있다. 험준한 지형이 지키고 있는 그 도시에서는 높은 산과 청록색 바다, 검은 바위가 노을의 정적 속에서 어우러진다. 그곳은 꿈을 꾸는 장소이다.

가족 휴가 기간에 내가 가장 좋아한 저녁 활동은 혼자서 모래사장에 앉아 있는 것이었다. 나는 고요한 지평선에서 파도가 서성대다가 리드미컬하게 몰려와 해안에 부딪치는 모습을 지켜보곤 했다. 밤이 찾아들면 하늘과 바다를 가르는 수평선이 희미해지고 모든 경계가 사라질 때까지 기다렸다. 나는 알고 있었다. 수평선 너머의 세상은 철의 장막 뒤편에 있는 우리에겐 엄격하게 금지된 장소라는 것을. 하지만 어둠 속에 앉아서 자유롭게 상상을 펼쳤다. 아드리아해 건너편 이탈리아에 살며 하늘과 바다를 함께 맞대고 있는 아이들도 나와 마찬가지로 저 경계선에 매료되었을까?

아버지가 오셔서 조금도 야단치지 않고 내 옆 모래사장에 앉으셨다. 그리고 우리 둘은 조용하게 하늘과 대화를 나누었다. 얼마 지나지 않아 아버지는 이제 갈 때가 되었다고 말했고, 그제야 바다와 하늘의 평온한 마법이 풀렸다.

우리 가족이 마지막으로 블로러를 여행한 지 20년이 지나 플랑크 위성이 발사된 2013년, 나는 세 살배기 딸과 함께 블로러에서 가장 좋아하는 장소를 다시 찾았다. 그곳에 도착한 딸은 들떠 보였다. 근심 걱정 없이 사방으로 모래와 물을 튀기며 행복해했다. 한 세대 만에 과학적으로, 정치적으로 얼마나 멀리 왔는지 생각하니 어리벙벙했다. 나의 딸은 상상력과 발견의 한계를 받아들일 필요가 없는 세대와 나라에 속해 있었다. 그러니 아버지가 내게 가르쳐주신 좌우명대로 살 수 있을 것이다. 그 좌우명은 "지식이 없다면 존재는 헛되다"였다.

부모님과의 여행이 끝난 이후 짧은 시간 동안 나는 얼마나 더 멀리 나아간 것일까? 수많은 우주로 이루어진 복잡하고 풍부한 우주, 다중우주의 가능성을 잠시 생각해보라. 그 광활한 우주에서 우리우주는 멀리 떨어진 구석에 존재하는 보잘것없는 구성원에 불과하다. 다중우주의 가능성은 거주 가능성의 범위를 수학적으로 계산할 수 있게 해준다. 그리고 단일우주를 그 자체와 비교하는 논리적 결함이 있는 작업을 하는 대신 서로 다른 우주들의 탄생 가능성을 객관적으로 비교할 수 있게 해준다. 마지막으로, 인류원리를 근거 삼아 우리의 기원을 가정하는 대신 그 기원을 추론하고 설명할 수 있게 해주기도 한다. 다중우주를 통해 우리는 우리의 지평선 너머와 빅뱅 이전의 우주를 엿볼 수 있다. 다중우주는 과학적 탐구의 문을 닫는 대신 더 넓고 대담하게 생각하도록 우리의 등을 떠민다.

인류가 지금까지 축적한 과학 지식은 우리 종의 성취가 적힌 책에서 영광스러운 한 장을 차지하고 있다. 하지만 인간과 자연의 관계와 관련해 아직 개척되지 않은 지면(위로는 법칙이, 아래로는 다중우주가 도사리고 있다)은 무언가 쓰이기를 기다리고 있다. 우리가 펜을 들었을 때, 상상력의 한계를 제외하면 아무것도 우리를 제한하지 못할 것이다.

감사의 말

이제 끝이다. 나는 결승선에 도달했고 결국 책을 써냈다. 혼자서 이룬 일은 아니다. 이 프로젝트를 완료하는 데 도움을 준 수많은 친구와 동료 그리고 가족에게 감사의 말을 전하고 싶다.

우선, 이 발견의 여정에서 우여곡절을 함께한 동료 연구자들에게 감사를 표한다. 그중 일부는 책에서 이미 언급한 바 있다. 열정적인 지원을 아끼지 않은 노스캐롤라이나대학교의 동료이자 친구인 크리스천 일리아디스Christian Iliadis 교수에게도 감사드린다.

번스타인 출판 에이전시의 저작권 에이전트이자 소중한 친구인 피터 번스타인Peter Bernstein과 에이미 번스타인Amy Bernstein에게 특별한 감사의 말을 전한다. 피터와 에이미는 원고를 여러 번 편집하는 과정에서 지침과 격려 그리고 직접적인 도움을 주었다. 정말 극소수의 사람만이 할 수 있는 일일 것이다. 수년 동안 변함없이 나를 믿어준 것에 감사드린다.

하퍼콜린스 매리너북스의 편집장 알렉산더 리틀필드 Alexander Littlefield에게도 감사를 표한다. 리틀필드는 집필 과정 내내 나에게 조언을 해주었고, 내가 이전에 해보지 않았던 일을 무사히 해낼 수 있게 도와주었다. 그러니까, 나 자신에 대해 이야기하는 일 말이다! 전문가로서 그가 지닌 높은 기준을 충족하긴 힘들었지만, 이 책의 모든 문장마다 그가 보여준 놀라운 관심과 면밀함 그리고 철저함은 중요한 최종 편집 단계에서 매우 큰 도움과 동기가 되었다. 빈티지 펭귄의 임프린트 보들리 헤드의 편집장 스튜어트 윌리엄스Stuart Williams와 부편집장 윌 해먼드Will Hammond에게도 감사를 표하고 싶다. 두 사람은 리틀필드와 긴밀히 협력하며 편집상의 귀중한 지원을 제공해주었다.

이 책이 최종 형태로 발전하는 동안 인내심을 갖고 여러 형태의 원고를 편집하는 데 도움을 준 리릭 위닉Lyric Winik에게 깊은 감사의 말을 전한다.

초고를 읽고 의견과 지지를 아끼지 않은 많은 친구들의 도움에 감사를 표한다. 영국 케임브리지에 사는 필 도런 Phil Doran과 닉 워드Nick Ward, 미국에 사는 롭 웨스터먼Rob Westermann과 데이비드 밸린저David Ballinger, 캐나다에 사는 두라타 시나니Dhurata Sinani에게 감사드린다.

가족의 도움은 그보다 더 완벽할 수 없었다. 내 인생의 동반자인 남편 제프 호턴Jeff Houghton에게 고맙다고 말하고 싶다. 가장 먼저 원고를 읽어주고, 요청할 때마다 솔직하게 비평을 해주었으며, 내가 쓴 모든 문장을 수정해주었다. 그러면서도 내가 바쁠 때면 앞장서서 가족의 일을 도맡았다. 특별히 감사를 표할 사람들이 또 있다. 나의 남동생 아우렐 머시니Aurel Mersini, 내 조카 도미닉 머시니Dominic Mersini, 나의 어머니 스텔라 머시니Stela Mersini. 모두 변함없이 든든한 지원과 솔직한 의견을 전해주었다.

마지막으로, 내 인생에서 가장 큰 영향을 준 두 사람에게 감사를 전하고 싶다. 그들에게 이 책을 헌정한다. 두 사람은 무조건적인 사랑과 지원으로 내가 나이를 먹지 않도록 해주었다. 나의 소중한 딸 그레이스 호턴Grace Houghton은 날마다 자부심과 행복으로 내 삶을 가득 채워준다. 아직 어리지만, 보는 사람까지 전염시키는 낙천과 나이를 뛰어넘는 성숙함 그리고 나에게 보내주는 사랑과 격려는 언제나 영감의 원천이다. 그레이스, 네가 어렸을 때 엄마한테 말했지. 마찬가지로 엄마도 여기서부터 무한대까지 널 사랑한단다. 다중우주보다 더 많이!

이 책을 읽은 사람이라면, 어린 시절 나에게 가장 많은 영향을 준 사람이 나의 멋진 아버지 네자트 머시니Nexhat Mersini라는 사실을 당연하게 생각할 것이다. 나의 가장 소중한 친구이자 동료였던 아버지는 2011년에 돌아가셨다.

아빠, 아빠의 조용한 힘과 지혜, 친절함과 정직함 그리고 함께 나눈 우정이 그리워요. 무엇보다 에스프레소를 세 잔씩 마셔가며 오랫동안 나눴던 대화가 그립네요. 우리는 흥미로운 주제라면 뭐든 이야기했죠. 그게 과학과 수학이든, 예술과 시든, 철학과 아이디어의 발전이든, 아니면 음악이든. 내가 우리의 이야기를 통해서 아빠와의 추억을 제대로 담아냈길 바랄게요. 고마워요, 아빠.

옮긴이의 말

밤의 어스름이 짙게 깔린 뉴욕의 거리. 부부처럼 보이는 두 사람은 만면에 웃음을 띤 채 유아차를 끌며 건물 밖을 나선다. 수녀복을 입은 여자는 한 번도 만난 적 없다는 듯 남자의 옆을 휙 스쳐 간다. 여기서 끝이 아니다. 괴한의 습격을 받았는지 한 남자가 피를 흘리며 거리 한복판에 누워 있고, 홈리스 여성은 접힌 박스 위에서 멍하니 앉아 있다. 끔찍하게도 창문 밖으로 떨어져 추락하기 직전인 남자도 있다. 같은 공간에 있더라도 운명은 제각각이라는 것을 말하고 싶었던 걸까? 평온한 삶의 근방에는 언제나 비참한 삶이 존재한다는 것을 전하고 싶었던 걸까? 더 자세히 들여다보면 놀라운 비밀이 드러난다. 그림 속 사람들은, 사실 모두 동일 인물이다.

일러스트레이터 일리야 밀스타인Ilya Milstein의 작품 〈갈림길의 정원The Garden of Forking Paths〉은 동일한 두 인물의 삶이 각기 다른 평행세계 속에서 여러 모습으로 변주되는 장면을 그리고 있다. 누구나 한 번쯤 생각해봤을 것이다. 내가 선택하지 않은 길을 걸어간 또 다른 내가 다른 우주에 존재할지 모른다고. 혹은 좀 더 상상의 나래를 펼쳐 우리가 살아가는 세계와 영 딴판인 우주를 떠올려 봤을지도 모른다. 이처럼 우리우주와 다른 우주들이 있다는 생각은 창작자를 비롯해 수많은 사람들의 상상력을 자극하는 단골 소재다.

하지만 놀랍게도 다중우주는 상상의 전유물이 아니다. 우주론을 연구하는 이론물리학자들에게서도 다중우주에 관한 언급이 심심찮게 들린다. 일례로 국내에도 잘 알려진 저명한 끈이론학자 브라이언 그린은 다중우주가 엄연한 과학 이론이라고 주장한다. 심지어 다중우주의 이모저모를 다룬 그의 책 《멀티 유니버스The Hidden Reality》의 분류에 따르면 다중우주론의 종류는 아홉 가지나 된다. 무한한 우주에 끝없이 늘어선 다중우주부터 에너지 공간 속에서 무수히 많은 빅뱅을 유발하는 끈이론 경관 다중우주까지, 한때 물리학계에서 변방에 불과했던 다중우주론은 이제 물리학의 연구 대상으로 당당히 자리매김했다.

《무한한 가능성의 우주들》의 저자 로라 머시니-호턴은 다중우주 연구 초창기부터 다중우주론을 탐구해온 알바니아 출신의 이론물리학자이다. 머시니-호턴은 대학원 시절 고에너지 빅뱅이 일어나 우주가 탄생할 확률은 터무니없이 작다는 말을 듣고 우주의 기원 문제에 관심을 갖기 시작했다. 다소 엉뚱하게 들리겠지만 그 확률은 우주에서 뇌가 자발적으로 생겨날 확률보다 작다고 한다. 하지만 우리우주는 분명히 존재하므로 우리는 이렇게 물을 수 있다. 우리우주가 그처럼 극미한 확률을 뚫고 태어날 만큼 특별해야 할 이유가 있는가? 이 질문을 끈질기게 탐구한 끝에 저자는 우주가 단 하나밖에 없다는 가설이 문제라는 결론에 도달한다.

머시니-호턴의 탐구는 다중우주의 필요성을 깨달은 것에서 그치지 않고 독자적인 다중우주론을 고안하는 데까지 나아간다. 그가 물리학자 리처드 홀먼과 함께 구축한 다중우주론을 간략히 설명하면 다음과 같다. 빅뱅이 일어나기 전 우리우주는 우주의 파동함수에 포함된 여러 가능성 중에서 한 갈래에 불과했다. 우주 파동함수의 여러 잠재적 우주들은 끈이론에서 도출되는 에너지 공간을 누비다가 특정 확률에 따라 에너지를 얻고 제각기 빅뱅을 거치며 우리우주와 같은 고유한 거시 우주로 성장한다(정신이 혼미해진다고 해도 걱정하지 마시라. 저자가 장장 수십 쪽에 걸쳐 친절하게 설명해주었으니까). 이름하여 '양자 경관 다중우주'이다! 브라이언 그린의 분류를 빌리자면, 머시니-호턴의 다중우주론은 '끈이론 경관 다중우주'에 속한다고 볼 수 있다(물론 약간의 차이는 있다. 《멀티 유니버스》를 읽어본 독자라면 그 차이를 살펴보는 것도 흥미로운 독서가 될 것이다). 머시니-호턴의 우주론에 의하면 잠재적 우주들이 거시 우주로 태어날 확률은 서로 다르며 그중에서도 고에너지 빅뱅을 통해 탄생할 확률이 유독 높다. 그렇다면 우리우주의 탄생은 통계적으로 자연스러운 현상이나 다름없다. 우리우주는 더 이상 특별하지 않다. 양자적 확률 게임에서 탄생한 평범한 무대에 불과한 것이다.

물론 이렇게 묻는 독자도 있을 것이다. 그래봤자 이론에서 끝나는 것 아니냐고. 그렇다. 아무리 매력적이라고 해도 경험적 증거가 없는 이론은 공허하다. 이것은 모든 다중우주론이 맞닥뜨리는 결정적 한계이지만, 머시니-호턴이 제안한 이론의 진가는 바로 이 지점에서 발휘된다. 물리학자 다카하시 도모와 홀먼과 함께 머시니-호턴은 다중우주론을 토대로 우주에서 관측될 만한 몇 가지 현상을 예측해낸다. 잠깐, 관측으로 검증 가능한 다중우주론이라고? 그렇다. 세 물리학자의 말에 따르면 잠재적 우주들은 파동함수 속에서 '양자얽힘'이라는 상호작용을 하는데, 그 얽힘이 남긴 흔적은 각 우주들이 거시 우주로 성장한 뒤에도 몇 가지 현상으로 나타난다고 한다. 우리우주 전체에 퍼져 있는 우주배경복사를 면밀히 조사한 결과 그 흔적이 확인되었다는 것이 그들의 주장이다. 물론 경험적 증거에 대한 그들의 주장은 아직 동료 과학자들의 검증 단계를 완전히 통과하지 못했지만, 사상 최초로 다중우주의 경험적 현상을 예측했다는 점에서 주목할 가치는 충분하다. 우리 우주라는 실험실은 과연 다중우주의 존재를 입증할 수 있을까? 엄연한 사실로 인정받는 그날, 다중우주론은 의심할 여지 없이 인류 최고의 지적 성취로 등극할 것이다.

머시니-호턴이 태어날 당시 공산주의 독재 정권이었던 알바니아 정부는 알바니아가 우주의 중심이라고 국민들이 믿도록 했다고 한다. 하지만 우주를 탐구하면서 그는 깨달았다. 알바니아보다 더 넓은 세상이 있음을. 더 나아가 우리우주조차 세상의 중심이 아닐 수 있음을. 인류의 지적 여정을 인간 중심주의의 점진적 극복으로 요약한다면 그 여정의 끝은 어쩌면 다중우주가 아닐까? 어쩌면 우리는 그 결전의 날을 목전에 두고 있는 게 아닐까? 그 궁극적인 도착점에 대한 독자들의 이해가 이 책을 통해서 조금이나마 깊어진다면 역자로서 더 바랄 나위가 없을 것이다.

박초월